普通高等教育"十二五"规划教材

计算机绘图上机指导

郝育新　杨莉　刘令涛　吕梅　编著

国防工业出版社

·北京·

内 容 简 介

本书共有10个上机实验,以二维图形、零件图、装配图和三维建模为主线,每个上机实验都明确提出了学习重点和需要学生掌握的主要知识点,并配以具体实例;通过实例详细讲解了应用AutoCAD 2012软件绘制平面机械工程图样的全过程,融入了用AutoCAD绘图的基本方法和技巧。实验后布置有适当练习帮助学生巩固所学知识。通过训练,可以帮助学生掌握AutoCAD软件的实际操作能力和基本绘图技能。

本书与王建华、毕万全主编的普通高等院校"十一五"国家级规划教材《机械制图与计算机绘图(第2版)》配套使用。

本书可以作为高等工科院校机械类、近机类各专业的教学用书,也可以作为成人高校、高等职业院校同类专业及有关工程技术人员的参考用书。

图书在版编目(CIP)数据

计算机绘图上机指导/郝育新等编著. —北京:国防工业出版社,2013.9
 普通高等教育"十二五"规划教材
 ISBN 978-7-118-09017-8

Ⅰ.①计… Ⅱ.①郝… Ⅲ.①AutoCAD 软件-高等学校-教学参考资料 Ⅳ.①TP391.72

中国版本图书馆 CIP 数据核字(2013)第 203453 号

※

国防工业出版社出版发行
(北京市海淀区紫竹院南路23号 邮政编码100048)
北京奥鑫印刷厂印刷
新华书店经售

*

开本 787×1092 1/16 印张 8¾ 字数 199 千字
2013年9月第1版第1次印刷 印数 1—4000 册 定价 22.00 元

(本书如有印装错误,我社负责调换)

国防书店:(010)88540777 发行邮购:(010)88540776
发行传真:(010)88540755 发行业务:(010)88540717

前 言

目前，CAD/CAM(计算机辅助设计/计算机辅助制造)在各行各业被广泛应用。手工绘图也越来越多地被计算机辅助绘图(Computer Aided Drafting)所取代，传统制图工具正在被逐渐淘汰，掌握一种计算机绘图软件是机械类或近机类专业学生必备的技能。

AutoCAD 软件是一个通用的计算机绘图软件，它具有最高的市场占有率。由于它的丰富而又操作方便的绘图、图形编辑、显示控制、尺寸标注、文本注释、图样输出与外部的文件交换和 Web 等功能，为我们快捷、方便、高效地绘制各种图样提供了很有用的工具。又由于它的开放性，使人们能够根据自己的需要，用自己方便的方法，进行二次开发，延伸自己。总之，AutoCAD 软件能给我们的学习和工作带来很大的方便。

本书是根据国家教委关于《高等学校"工程制图"教学基本要求及教学大纲》编写的。与北京信息科技大学工程图学教研室编写的《机械制图与计算机绘图(第 2 版)》、《机械制图与计算机绘图习题集(第 2 版)》配套使用。

"计算机绘图上机指导"是一门实践性很强的课程，为了使学生在较短的时间内就能掌握计算机辅助绘图的基本功能和技巧，全书编排上机实验 10 次，每次 2 学时。上机实验 1 ~ 上机实验 6 为二维绘图练习；上机实验 7 为输出、打印；上机实验 8 ~ 上机实验 10 为三维建模练习。

本书在实验内容上充分考虑到机械类专业和近机类专业的需要，注意习题的典型性，力求让学生在每一次的实验中都能学以致用，联系实际，通过练习，能够熟练使用 AutoCAD 2012 软件绘制工程图。本书适用于初学者，要求学生在上机之前，认真阅读本书，按实验要求，做好每一个实验。

本书由北京信息科技大学工程图学教研室的以下教师编写：郝育新(上机实验 1、2)、杨莉(上机实验 3、4、6、7)、刘令涛(上机实验 8、9、10)、吕梅(上机实验 5)。

由于时间仓促，水平有限，缺点和错误在所难免，恳请读者指正。

编著者

目 录

上机实验 1　基本操作 ··· 1

上机实验 2　二维图形绘制 ··· 16

上机实验 3　图层、颜色和线型及图案填充 ································· 28

上机实验 4　文字注释和尺寸标注 ··· 38

上机实验 5　二维绘图综合练习 ··· 54

上机实验 6　绘制二维工程图 ··· 69

上机实验 7　二维图形输出、打印 ··· 90

上机实验 8　基本实体建模 ··· 99

上机实验 9　截切、相贯实体建模 ··· 108

上机实验 10　组合体、复杂零件建模 ······································· 118

附录　CAD 制图标准 ··· 133

参考文献 ··· 135

上机实验 1 基 本 操 作

本次实验主要包含了 AutoCAD 中的绘图环境的设置、二维绘图和编辑命令，目的在于帮助同学们尽快掌握 AutoCAD 的基本操作。

一、实验要求
(1) 熟悉软件用户界面。
(2) 掌握图形基本设置与操作。
(3) 掌握常用二维图形绘制命令。
(4) 掌握常用二维图形编辑命令。

二、实验指导
1. AutoCAD2012 软件使用基础
1) AutoCAD 2012 经典工作界面

如图 1-1 所示，包括菜单浏览器、菜单栏、各种工具栏、绘图窗口、光标、命令窗口、状态栏、坐标系图标、模型/布局选项卡等元素。除了标准的工具栏之外，绘制实用的平面图形时，常用的工具栏还有绘图工具栏、对象捕捉工具栏、修改工具栏和尺寸标注工具栏。所以绘制平面图形必须把这四个工具栏调用到桌面。调用工具栏的方法为，在 CAD 工具栏内的任一位置单击鼠标右键，会出现快捷菜单，然后选择所需要的工具栏。

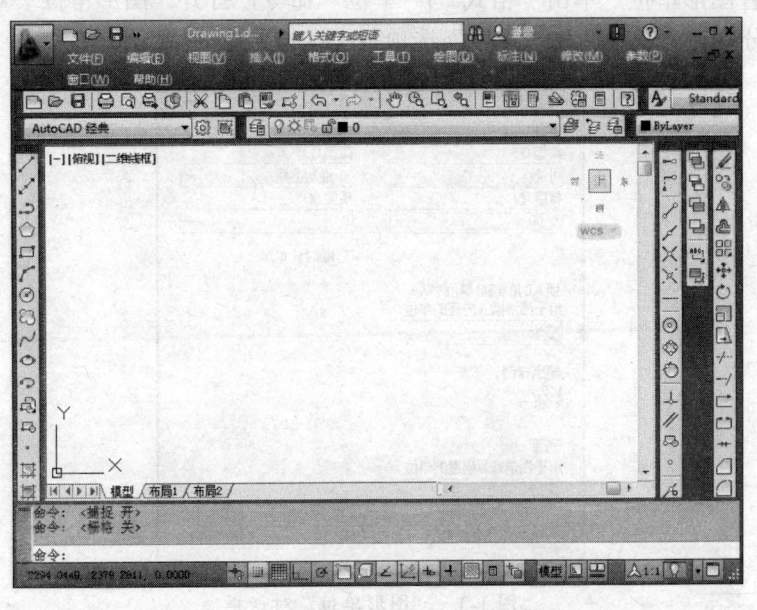

图 1-1 AutoCAD 2012 经典工作界面

AutoCAD 命令输入方式有：通过工具栏执行命令；通过菜单执行命令；通过键盘输入命令和重复执行命令。重复执行某个命令的方法如下：

(1) 单击键盘上的 Enter 键或 Space 键。

(2) 使光标位于绘图窗口，单击右键，AutoCAD 弹出快捷菜单，并在菜单的第一行显示出重复执行上一次所执行的命令，选择此命令即可重复执行对应的命令。

取消某个命令执行的方法为：在命令的执行过程中，用户可以通过单击 Esc 键；或单击鼠标右键，从弹出的快捷菜单中选择"取消"命令的方式终止 AutoCAD 命令的执行。

绘制平面图形所需工具栏如图 1-2 所示。

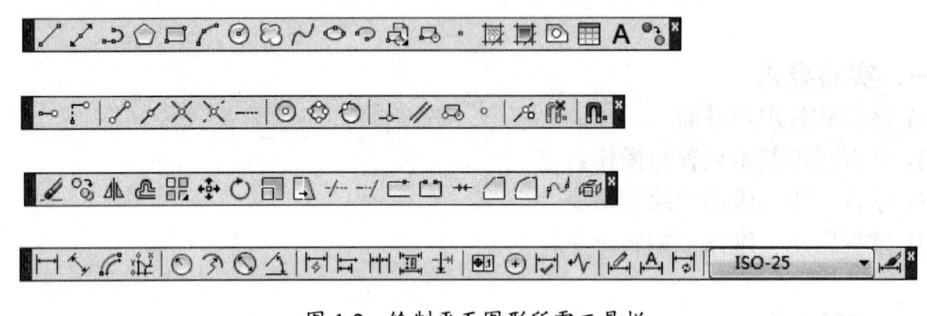

图 1-2　绘制平面图形所需工具栏

2) 图形基本设置与操作

(1) 设置图形界限。单击"格式"|"图形界限"命令，即执行 LIMITS 命令，AutoCAD 提示：

指定左下角点或 [开(ON)/关(OFF)] <0.0000,0.0000>:(指定图形 界限的左下角位置，直接按"回车"键或"空格"键，表示采用默认值)

指定右上角点:(420,297)，此时设定的图形界面为 A3 图纸的尺寸大小。

(2) 设置图形单位。单击"格式"|"单位"命令，打开"图形单位"对话框，如图 1-3 所示，分别在"长度"和"角度"选项组中选择合适的精度要求。

图 1-3　"图形单位"对话框

(3) 设置绘图区背景色。选择"工具"|"选项"命令,打开"选项"对话框,选择"显示"选项卡,如图1-4所示。选择"颜色"按钮,在如图1-5所示的"图形窗口颜色"对话框中,在"颜色"选项下选择白色或黑色。

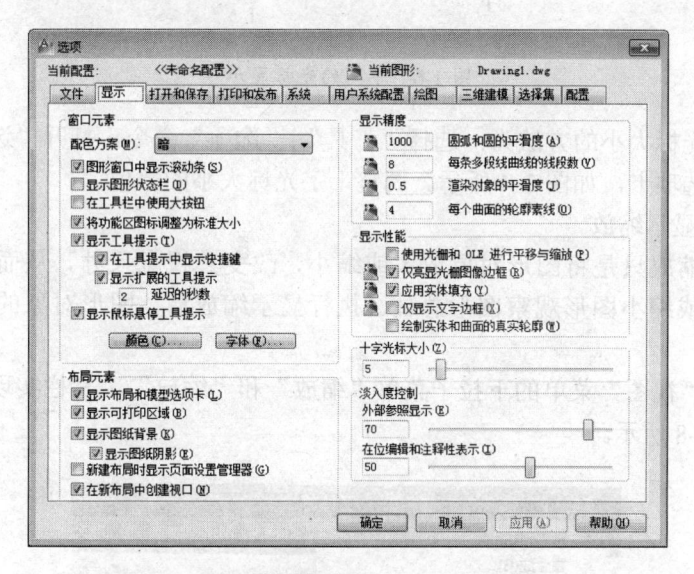

图1-4 背景颜色"显示"选项卡

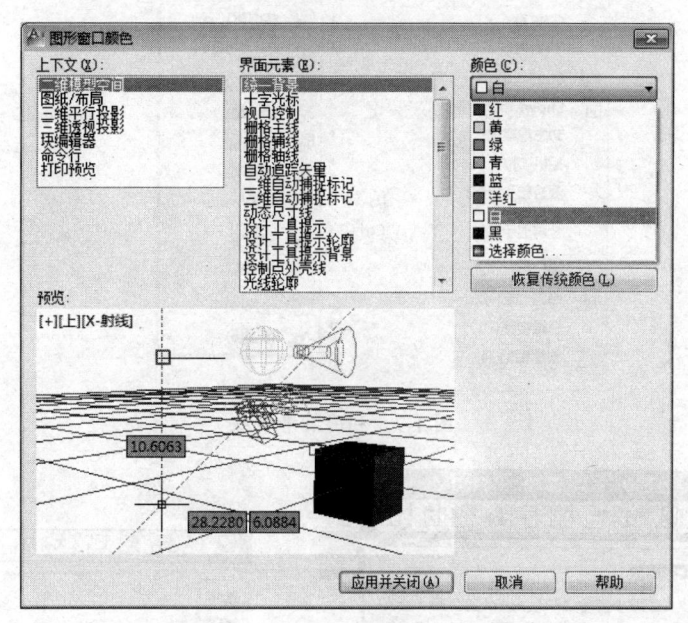

图1-5 "图形窗口颜色"选项卡

(4) 绘图区域中的光标。AutoCAD的光标用于绘图、选择对象等操作。当光标位于AutoCAD的绘图窗口时为十字形状,所以又称为十字光标。在绘图区域中,如果系统提示指定点位置,光标显示为十字光标;当提示选择对象时,光标将更改为一个称为拾取框的小方形;如果未在命令操作中,光标显示为一个十字光标和拾取框光标的组合;如果系统提示输入文字,光标显示为竖线。显示如图1-6所示。

3

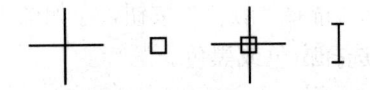

图 1-6　不同的光标显示

设置十字光标大小的方法为：选择"工具"|"选项"命令，打开"选项"对话框，选择"显示"选项卡，如图 1-4 所示。调整十字光标大小的数值。

3）图形的显示缩放

图形显示缩放只是将图形对象放大或缩小，改变其视觉尺寸，从而可以放大图形的局部细节，或缩小图形观察图形总体。执行显示缩放后，图形对象的实际尺寸仍保持不变。

可以利用"视图"菜单的下拉子菜单"缩放"和"缩放"工具栏实现对应的缩放，如图 1-7、图 1-8 所示。

图 1-7　利用菜单缩放

图 1-8　利用工具栏缩放

在绘制图形的过程中，常用"缩放对象"和"全部缩放"两种方式。通过执行"缩放对象"命令，可以使所选图形对象最大化显示在绘图区域当中。通过"全部缩放"命令，可以对当前绘图窗口中所有对象进行缩放。还可以通过运行"ZOOM"命令，然后输入"O"选项实现此功能。

4) 平移图形

光标形状为"手形" ，该命令可以实现对图形对象在当前视口中的平移操作，以便查看图形的不同部分，它只是通过移动窗口使图形的特定部分位于当前视窗中。调用命令后，可以通过拖动手形光标实现图形的实时平移。实时平移执行方法如下：

(1) 选择"标准"工具栏中的"实时平移"按钮。

(2) 选择"菜单栏"中的"视图"|"平移"|"实时"命令。

(3) 在绘图区域单击鼠标右键，在弹出的快捷菜单中选择"平移"命令。

5) 使用正交模式

使用正交模式可以将光标限制在水平或垂直方向上移动，以便于精确地创建和修改对象。创建或移动对象时，使用"正交"模式将光标限制在水平或垂直轴上。提示打开"正交"模式绘制时，只能绘制平行于坐标线的正交线段，还可以使用直接距离输入方法以创建指定长度的正交线或将对象移动指定的距离。执行方法如下：

(1) 选择状态栏中的"正交模式"按钮。

(2) 在命令行中输入"ORTHO"命令，单击"回车"键。

6) 对象捕捉

使用对象捕捉可指定对象上的精确位置，实现精准定位。利用此功能，可以快速、准确地确定一些特殊点，如中点、圆心、端点、切点、交点、垂足等。不论何时提示输入点，都可以指定对象捕捉。默认情况下，当光标移到对象的对象捕捉位置时，将显示标记和工具提示。注意，仅当提示输入点时，对象捕捉才生效，而且在提示输入点时指定对象捕捉后，对象捕捉只对指定的下一点有效。常用执行方法如下：

(1) 单击"对象捕捉"工具栏上的对象捕捉按钮，如图 1-9(a)所示。

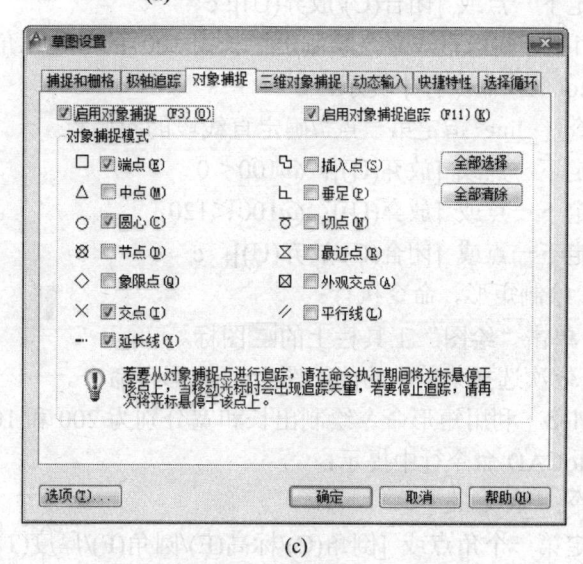

图 1-9 对象捕捉

(a) 对象捕捉工具栏；(b) 对象捕捉菜单；(c) "草图设置"对话框。

(2) 按住 Shift 键并单击鼠标右键以显示"对象捕捉"快捷菜单,如图 1-9(b)所示。

(3) 在命令提示下输入对象捕捉的名称。

在状态栏的"对象捕捉"按钮上单击鼠标右键,弹出"草图设置"对话框,如图 1-9(c)所示。

2. 二维图形绘制命令的使用

1) 坐标的控制

在 AutoCAD 系统中,坐标系可以分为直角坐标系和极坐标系。可以根据图形中的已知条件灵活选取。而在绘图时指定点的位置,可以使用相对于坐标原点的绝对坐标值,也可以使用相对于绘图中某一点的坐标值。

绝对直角坐标用点的 X、Y、Z 坐标值表示该点,且各坐标值之间要用逗号隔开。绝对极坐标用于表示二维点,其表示方法为:距离<角度。相对直角坐标的表示为:在绝对直角坐标前面加上前缀"@",如(@20, 30)和(@30<60)。相对极坐标中角度是指新点和前一个点连线相对于横坐标轴正方向的夹角。

2) 绘制基本二维图形

(1) 绘制直线。命令执行:

① 单击"绘图"工具栏上的 图标。

② 依次选择菜单中的"绘图"|"直线"命令。

例 1-1 利用直线命令绘制出边长为 100 的正方形。

AutoCAD 命令行中提示:

命令:_line 指定第一点://确定直线段的起始点

指定下一点或 [放弃(U)]: @100,0

指定下一点或 [放弃(U)]: @0,100

指定下一点或 [闭合(C)/放弃(U)]: @-100,0

指定下一点或 [闭合(C)/放弃(U)]: c

例 1-2 利用直线命令绘制出边长为 100 的等边三角形。

AutoCAD 命令行中提示:

命令:_line 指定第一点://确定直线段的起始点

指定下一点或 [放弃(U)]: @100<0

指定下一点或 [放弃(U)]: @100<120

指定下一点或 [闭合(C)/放弃(U)]: c

(2) 绘制矩形。命令执行:

① 单击"绘图"工具栏上的 图标。

② 依次选择菜单中的"绘图"|"矩形"命令。

例 1-3 利用矩形命令绘制出长和宽分别为 200 和 100 的矩形。

AutoCAD 命令行中提示:

命令:_rectang

指定第一个角点或 [倒角(C)/标高(E)/圆角(F)/厚度(T)/宽度(W)]://指定矩形的一角点

指定另一个角点或 [面积(A)/尺寸(D)/旋转(R)]: @200,100

各选项的含义:"倒角"选项表示绘制在各角点处有倒角的矩形。"标高"选项用于确定矩形的绘图高度，即绘图面与 XY 面之间的距离。"圆角"选项确定矩形角点处的圆角半径，使所绘制矩形在各角点处按此半径绘制出圆角。"厚度"选项确定矩形的绘图厚度，使所绘制矩形具有一定的厚度。"宽度"选项确定矩形的线宽。 "面积"选项指根据面积绘制矩形。"尺寸"选项指根据矩形的长和宽绘制矩形。"旋转"选项表示绘制按指定角度放置的矩形。

(3) 绘制正多边形。命令执行：

① 单击"绘图"工具栏上的 图标。

② 依次选择菜单中的"绘图"|"正多边形"命令。

例 1-4 利用正多边形命令绘制外接圆半径为 100 的正六边形。

AutoCAD 命令行中提示：

命令：_polygon 输入侧面数 <4>：6

指定正多边形的中心点或 [边(E)]：

输入选项 [内接于圆(I)/外切于圆(C)] <I>：

指定圆的半径：100

(4) 绘制圆形。命令执行：

① 单击"绘图"工具栏上的 图标。

② 依次选择菜单中的"绘图"|"圆"命令。

例 1-5 利用圆命令绘制半径为 100 的圆形。

AutoCAD 命令行中提示：

命令：_circle 指定圆的圆心或 [三点(3P)/两点(2P)/切点、切点、半径(T)]：

指定圆的半径或 [直径(D)]：100

选项说明："指定圆的圆心"选项用于根据指定的圆心以及半径或直径绘制圆弧。"三点"选项根据指定的三点绘制圆。"两点"选项根据指定直径的两个端点绘制圆。"切点、切点、半径"选项用于绘制与已有两对象相切，且半径为给定值的圆。

(5) 绘制圆弧。命令执行：

① 单击"绘图"工具栏上的 图标，实现三点绘圆。

② 依次选择菜单中的"绘图"|"圆弧"命令，可使用多种方法实现圆弧的绘制，如图 1-10 所示。

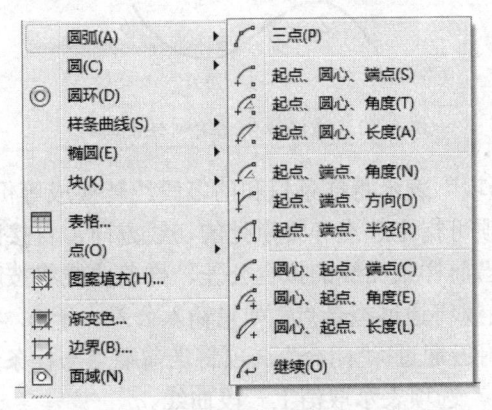

图 1-10　圆弧绘制方法

例 1-6 用三点绘圆弧法绘制如图 1-11 所示的半径为 100 的圆弧。
AutoCAD 命令行中提示：

单击菜单中"绘图"|"圆弧"|"三点"命令，AutoCAD 提示：
命令：_arc 指定圆弧的起点或 [圆心(C)]://在适当位置确定圆弧的起始点 A 的位置
指定圆弧的第二个点或 [圆心(C)/端点(E)]：@100,0 //指定圆弧上任意一点位置
指定圆弧的端点：@100,100//指定圆弧的终点位置

图 1-11 三点法绘制半径为 100 的圆弧

(6) 绘制样条曲线。命令执行：
① 单击"绘图"工具栏上的图标。
② 依次选择菜单中的"绘图"|"样条曲线"命令。

例 1-7 通过拟合点绘制如图 1-12 所示的样条曲线。
AutoCAD 命令行中提示：

命令：_spline
当前设置：方式=拟合节点=弦
指定第一个点或 [方式(M)/节点(K)/对象(O)]：指定点 1
输入下一个点或 [起点切向(T)/公差(L)]：指定点 2
输入下一个点或 [端点相切(T)/公差(L)/放弃(U)]：指定点 3
输入下一个点或 [端点相切(T)/公差(L)/放弃(U)/闭合(C)]：指定点 4
输入下一个点或 [端点相切(T)/公差(L)/放弃(U)/闭合(C)]：指定点 5
输入下一个点或 [端点相切(T)/公差(L)/放弃(U)/闭合(C)]：指定点 6
输入下一个点或 [端点相切(T)/公差(L)/放弃(U)/闭合(C)]:回车 //按 Enter 键结束，或者输入 c(闭合)使样条曲线闭合

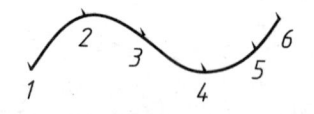

图 1-12 通过拟合点绘制样条曲线

选项说明："对象选项"表示将样条拟和的多段线转换成等价的样条曲线；"起点切向"和"端点相切"选项可指定起点和终点处的切线方向，直接回车由系统自行计算。"公差"选项可以修改当前样条曲线的拟合公差，样条曲线将按新的公差重新生成。如果公差设置为 0，样条曲线将通过拟合点；如果输入公差大于 0，将允许样条曲线在指定的公差范围内从拟合点附近通过。"闭合"选项将当前端点与样条曲线的起点相连，形成封闭的样条曲线。"放弃"选项表示取消上一段曲线。

样条曲线是经过或接近影响曲线形状的一系列点的平滑曲线。 默认情况下，样条曲

线是一系列"三次"多项式的过渡曲线段。三次样条曲线是最常用的,并模拟使用柔性条带手动创建的样条曲线,这些条带的形状由数据点处的权值塑造。

(7) 绘制椭圆。命令执行:

① 单击"绘图"工具栏上的◯图标,实现利用端点和距离绘制椭圆。

② 依次选择菜单中的"绘图"|"椭圆"命令,可用端点和距离绘制椭圆;利用圆心、轴的端点和另一条半轴长度;还可以利用起点、端点和角度绘制椭圆。

例 1-8 利用轴端点和半轴长度绘制一个如图 1-13 所示的长轴、短轴长度分别为 200 和 80 的椭圆。

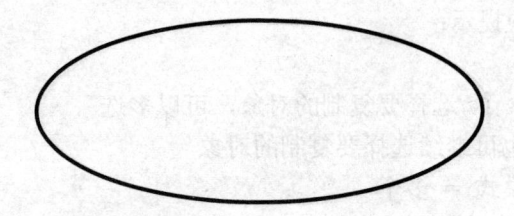

图 1-13 利用轴端点和半轴长度绘制椭圆

AutoCAD 命令行中提示:

命令:_ellipse

指定椭圆的轴端点或 [圆弧(A)/中心点(C)]://选取适当位置

指定轴的另一个端点:@200,0

指定另一条半轴长度或 [旋转(R)]:40

利用圆心、轴的端点和另一条半轴长度:

AutoCAD 命令行中提示:

命令:_ellipse

指定椭圆的轴端点或 [圆弧(A)/中心点(C)]:_c

指定椭圆的中心点:

指定轴的端点://指定第一根轴的端点

指定另一条半轴长度或 [旋转(R)]://输入R选项,系统会通过绕第一根轴旋转来定义椭圆的长轴与短轴的比例

选项说明:"指定椭圆的轴端点"选项指根据两个端点定义椭圆的第一条轴,第一条轴的角度确定了整个椭圆的角度,第一条轴可以是长轴也可以是短轴。"旋转"选项可以通过绕第一条轴旋转元来创建椭圆。相当于将一个圆绕椭圆轴转动一定角度后得到的投影图。"中心点"选项通过指定中心创建椭圆。

3. 常用二维图形编辑命令

AutoCAD 2012 提供的常用编辑功能,包括删除、复制、镜像、偏移、阵列、移动、旋转、缩放、拉伸、修剪、延伸、打断、创建圆角、创建倒角等。

1) 删除对象

命令执行:

(1) 单击"修改"工具栏上的◯图标。

(2) 依次选择菜单中的"修改"|"删除"命令。

AutoCAD 命令行中提示：

命令：_erase

选择对象：找到 1 个 //选择要删除的对象，可以多选

选择对象:回车 //也可继续选择要删除的对象

2) 复制对象

命令执行：

(1) 单击"修改"工具栏上的 图标。

(2) 依次选择菜单中的"修改"|"复制"命令。

AutoCAD 命令行中提示：

命令：_copy

选择对象：找到 1 个//选择要复制的对象，可以多选

选择对象：回车//也可继续选择要复制的对象

当前设置： 复制模式 = 多个

指定基点或 [位移(D)/模式(O)] <位移>://指定复制对象的起始点

指定第二个点或 [阵列(A)] <使用第一个点作为位移>://在此提示下再确定一点，AutoCAD2012 将所选择的复制对象按由两点确定的位移矢量复制到指定位置

指定第二个点或 [阵列(A)/退出(E)/放弃(U)] <退出>：

选项说明："位移"选项表示根据输入位移值的大小复制对象。"模式"选项可以确定复制模式，复制模式有执行一次复制和执行多次复制两种。

3) 镜像对象

命令执行：

(1) 单击"修改"工具栏上的 图标。

(2) 依次选择菜单中的"修改"|"镜像"命令。

AutoCAD 命令行中提示：

命令：_mirror

选择对象：找到 1 个 //选择要镜像的对象，可以多选

选择对象：//也可以继续选择对象

指定镜像线的第一点：指定镜像线的第二点：

要删除源对象吗？[是(Y)/否(N)] <N>：

4) 偏移对象

命令执行：

(1) 单击"修改"工具栏上的 图标。

(2) 依次选择菜单中的"修改"|"偏移"命令。

AutoCAD 命令行中提示：

命令：_offset

当前设置：删除源=否　图层=源　OFFSETGAPTYPE=0

指定偏移距离或 [通过(T)/删除(E)/图层(L)] <56.0000>： 80

选择要偏移的对象，或 [退出(E)/放弃(U)] <退出>：

指定要偏移的那一侧上的点，或 [退出(E)/多个(M)/放弃(U)] <退出>：

选项说明："通过"选项表示使偏移复制后得到的对象通过指定的点。"删除"选项指实现偏移源对象后删除源对象。"图层"选项用于确定将偏移对象创建在当前图层上，还是创建在源对象所在的图层上。

5) 阵列对象

创建将以矩形模式、环形模式或沿指定路径均匀分布的对象的多个副本。

命令执行：

(1) 单击"修改"工具栏上的▦图标，选择所需的阵列方式。

(2) 依次选择菜单中的"修改"|"阵列"命令，选择所需阵列方式。

矩形阵列：

命令：_arrayrect

选择对象：找到 1 个//选择要移动的对象，可以多选

选择对象：回车//也可以继续选择对象

类型 = 矩形　关联 = 是

为项目数指定对角点或 [基点(B)/角度(A)/计数(C)] <计数>：C//此命令到确定阵列的计数模式的选项

输入行数或 [表达式(E)] <4>：3//此命令输入需要得到的行数

输入列数或 [表达式(E)] <4>：4//此命令输入需要得到的列数

指定对角点以间隔项目或 [间距(S)] <间距>：S//此命令到确定阵列的间距模式的选项

指定行之间的距离或 [表达式(E)] <20.6628>：20//此命令输入需要得到的行之间的距离

指定列之间的距离或 [表达式(E)] <20.6628>：20//此命令输入需要得到的列之间的距离

按 Enter 键接受或 [关联(AS)/基点(B)/行(R)/列(C)/层(L)/退出(X)] <退出>：

环形阵列：

命令：_arraypolar

选择对象：找到 1 个//选择要移动的对象，可以多选

选择对象：回车//也可以继续选择对象

类型 = 极轴　关联 = 是

指定阵列的中心点或 [基点(B)/旋转轴(A)]://选定要阵列的中心点

输入项目数或 [项目间角度(A)/表达式(E)] <4>：12//此命令输入需要得到的个数

指定填充角度(+=逆时针、-=顺时针)或 [表达式(EX)] <360>：

按 Enter 键接受或 [关联(AS)/基点(B)/项目(I)/项目间角度(A)/填充角度(F)/行(ROW)/层(L)/旋转项目(ROT)/退出(X)] <退出>：

6) 移动对象

命令执行：

(1) 单击"修改"工具栏上的✥图标。

(2) 依次选择菜单中的"修改"|"移动"命令。

命令：_move

11

选择对象：找到 1 个//选择要移动的对象，可以多选

选择对象：回车//也可以继续选择对象)

指定基点或 [位移(D)] <位移>//指定复制对象的起始点

指定第二个点或 <使用第一个点作为位移>://在此提示下再确定一点，AutoCAD 2012 将所选择的移动对象按由两点确定的位移矢量移动到指定位置

7) 旋转对象

命令执行：

(1) 单击"修改"工具栏上的图标。

(2) 依次选择菜单中的"修改"|"旋转"命令。

命令：_rotate

UCS 当前的正角方向：　ANGDIR=逆时针　ANGBASE=0

选择对象：指定对角点：找到 4 个//选择要旋转的对象，可以多选

选择对象:回车//也可以继续选择对象

指定基点://指定旋转对象的基准点

指定旋转角度，或 [复制(C)/参照(R)] <0>：　90//此命令用来确定要旋转的对象绕基点旋转的角度

8) 缩放对象

命令执行：

(1) 单击"修改"工具栏上的图标。

(2) 依次选择菜单中的"修改"|"缩放"命令。

命令：_scale

选择对象：指定对角点：找到 4 个//选择要缩放的对象，可以多选

选择对象：回车//也可以继续选择对象

指定基点：//指定缩放对象的基准点

指定比例因子或 [复制(C)/参照(R)]：2//此命令用来确定要缩放的对象沿基点缩放的比例

9) 拉伸对象

命令执行：

(1) 单击"修改"工具栏上的图标。

(2) 依次选择菜单中的"修改"|"拉伸"命令。

命令：_stretch

以交叉窗口或交叉多边形选择要拉伸的对象...

选择对象：指定对角点：找到 6 个//选择要缩放的对象，可以多选

选择对象：回车//也可以继续选择对象

指定基点或 [位移(D)] <位移>://指定拉伸对象的基准点

指定第二个点或 <使用第一个点作为位移>://在此提示下再确定一点，AutoCAD 2012 将所选择的拉伸的对象按由两定确定的位移矢量拉伸到指定位置

10) 修剪对象

命令执行：

(1) 单击"修改"工具栏上的图标。
(2) 依次选择菜单中的"修改"|"修剪"命令。
命令：_trim
当前设置:投影=UCS，边=无
选择剪切边...
选择对象或 <全部选择>:找到 1 个//选择要剪切的对象基准线，可以多选
选择对象：回车 //也可以继续选择对象
选择要修剪的对象，或按住 Shift 键选择要修剪的对象，或
[栏选(F)/窗交(C)/投影(P)/边(E)/删除(R)/放弃(U)]： //选择要剪切的对象
选择要修剪的对象，或按住 Shift 键选择要修剪的对象，或
[栏选(F)/窗交(C)/投影(P)/边(E)/删除(R)/放弃(U)]： //继续选择要剪切的对象

11) 延伸对象
命令执行：
(1) 单击"修改"工具栏上的图标。
(2) 依次选择菜单中的"修改"|"延伸"命令。
命令：_extend
当前设置:投影=UCS，边=无
选择边界的边...
选择对象或 <全部选择>:找到 1 个//选择要延伸的对象基准线，可以多选
选择对象：回车//也可以继续选择对象
选择要延伸的对象，或按住 Shift 键选择要修剪的对象，或
[栏选(F)/窗交(C)/投影(P)/边(E)/放弃(U)]： //选择要剪切的对象
选择要延伸的对象，或按住 Shift 键选择要修剪的对象，或
[栏选(F)/窗交(C)/投影(P)/边(E)/放弃(U)]： //继续选择要剪切的对象

12) 打断对象
命令执行：
(1) 单击"修改"工具栏上的图标。
(2) 依次选择菜单中的"修改"|"打断"命令。
命令：_break 选择对象://同时选取第一个打断点
指定第二个打断点 或 [第一点(F)]://此命令确定要打断对象的第二点

13) 创建圆角
命令执行：
(1) 单击"修改"工具栏上的图标。
(2) 依次选择菜单中的"修改"|"圆角"命令。
令：_fillet
当前设置：模式 = 修剪，半径 = 10.0000
选择第一个对象或 [放弃(U)/多段线(P)/半径(R)/修剪(T)/多个(M)]:R
//此命令到确定圆角的半径的选项

指定圆角半径 <10.0000>：2//输入圆角的半径

选择第一个对象或 [放弃(U)/多段线(P)/半径(R)/修剪(T)/多个(M)]：T

输入修剪模式选项 [修剪(T)/不修剪(N)] <修剪>：T//此命令到确定圆角修剪模式的选项

选择第一个对象或 [放弃(U)/多段线(P)/半径(R)/修剪(T)/多个(M)]：

选择第二个对象，或按住 Shift 键选择对象以应用角点或 [半径(R)]：

14) 创建倒角

命令执行：

(1) 单击"修改"工具栏上的 图标。

(2) 依次选择菜单中的"修改"|"倒角"命令。

命令：_chamfer

("修剪"模式) 当前倒角距离 1 = 10.0000，距离 2 = 10.0000

选择第一条直线或 [放弃(U)/多段线(P)/距离(D)/角度(A)/修剪(T)/方式(E)/多个(M)]：D//此命令到确定倒角距离的选项

指定第一个倒角距离 <10.0000>：2//输入第一个的倒角距离

指定第二个倒角距离 <2.0000>：2//输入第二个的倒角距离

选择第一条直线或 [放弃(U)/多段线(P)/距离(D)/角度(A)/修剪(T)/方式(E)/多个(M)]：T//此命令到确定倒角的修剪模式的选项

输入修剪模式选项 [修剪(T)/不修剪(N)] <修剪>：T

选择第一条直线或 [放弃(U)/多段线(P)/距离(D)/角度(A)/修剪(T)/方式(E)/多个(M)]：

选择第二条直线，或按住 Shift 键选择直线以应用角点或 [距离(D)/角度(A)/方法(M)]：

三、上机练习

1．新建图形文件，设定图形界限左下角为(0,0)、右上角为(210,297)。

2．在图形单位对话框中长度单位类型为小数，精度为"0.0"。

3．分别将绘图工具栏、对象捕捉工具栏、修改工具栏和尺寸标注工具栏调用到桌面中。

4．激活"对象捕捉"对话框，并设置捕捉模式。

5．绘制图 1-14 所示图形。

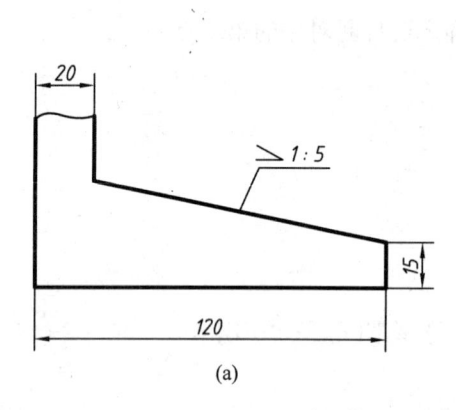

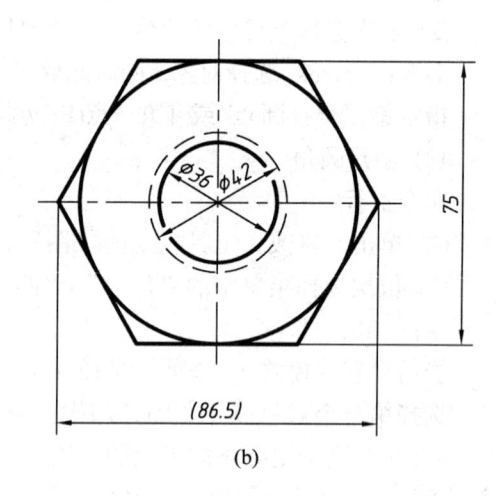

(a)

(b)

(c)

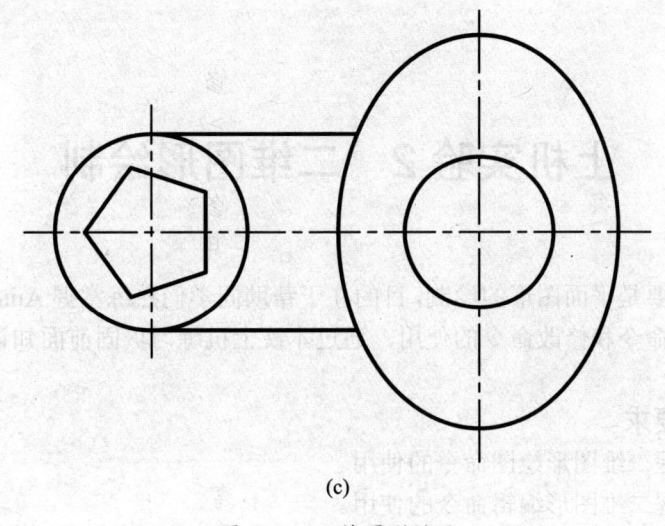

图 1-14 二维图形练习

(a) 图形 1；(b) 图形 2；(c) 图形 3(图形尺寸自定义)。

上机实验 2　二维图形绘制

本次实验主要是平面图形的绘制,目的在于帮助同学们熟练掌握 AutoCAD 软件绘制平面图形的基本命令和修改命令的使用,通过本次上机练习巩固前面知识。

一、实验要求
(1) 熟练掌握二维图形绘图命令的使用。
(2) 熟练掌握二维图形编辑命令的使用。

二、实验指导
1. 绘制简单二维图形
例 2-1　利用相对坐标绘制图 2-1 所示图形。

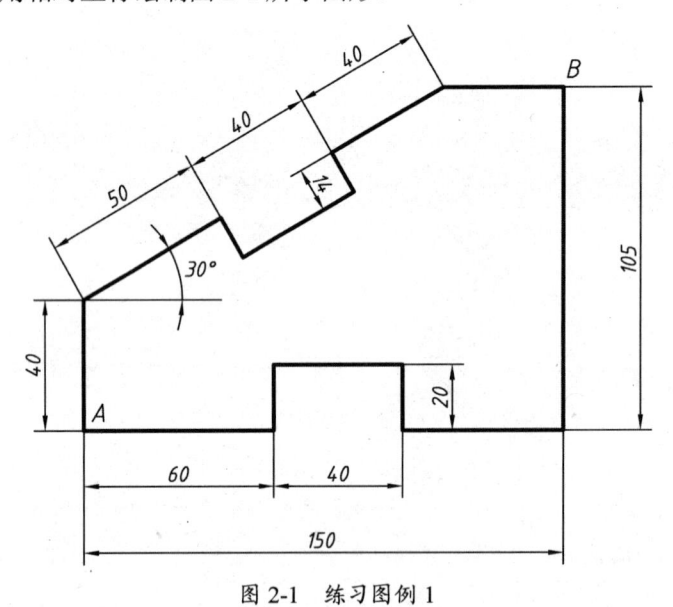

图 2-1　练习图例 1

绘图步骤:
执行"直线"绘图命令
命令:_line 指定第一点://指定绘图起始点 A
指定下一点或 [放弃(U)]:
>>输入 ORTHOMODE 的新值 <0>:
正在恢复执行 LINE 命令。
指定下一点或 [放弃(U)]：@60,0

指定下一点或 [放弃(U)]：@0,20
指定下一点或 [闭合(C)/放弃(U)]：@40,0
指定下一点或 [闭合(C)/放弃(U)]：@0,-20
指定下一点或 [闭合(C)/放弃(U)]：@50,0
指定下一点或 [闭合(C)/放弃(U)]：@0,105
指定下一点或 [闭合(C)/放弃(U)]：
命令：_line 指定第一点://捕捉绘图起始点 A
指定下一点或 [放弃(U)]：@0,40
指定下一点或 [放弃(U)]：@50∠30
指定下一点或 [闭合(C)/放弃(U)]：@14＜-60
指定下一点或 [闭合(C)/放弃(U)]：@40＜30
指定下一点或 [闭合(C)/放弃(U)]：@14＜120
指定下一点或 [闭合(C)/放弃(U)]：@40＜30
指定下一点或 [闭合(C)/放弃(U)]:捕捉 B 点
指定下一点或 [闭合(C)/放弃(U)]：

例 2-2　利用绘图和编辑命令绘制图 2-2 所示图形。

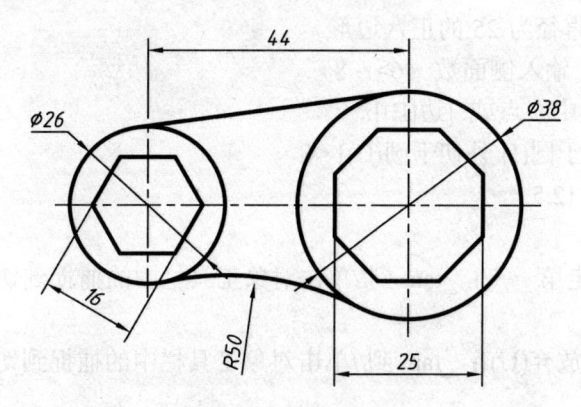

图 2-2　练习图例 2

绘图步骤：
(1) 绘制第一条水平中心线。
命令：_line 指定第一点://在适当位置指定水平中心线起始点
指定下一点或 [放弃(U)]://选择适当的位置
指定下一点或 [放弃(U)]:回车
(2) 绘制第一条垂直中心线。
命令：_line 指定第一点://选择适当的位置
指定下一点或 [放弃(U)]://选择适当的位置
指定下一点或 [放弃(U)]:回车
(3) 用偏移命令画出第二条垂直中心线。
命令：_offset
当前设置：删除源=否　图层=源　OFFSETGAPTYPE=0

17

指定偏移距离或 [通过(T)/删除(E)/图层(L)] <通过>：44

选择要偏移的对象，或 [退出(E)/放弃(U)] <退出>://选择第一条垂直中心线

指定要偏移的那一侧上的点，或 [退出(E)/多个(M)/放弃(U)] <退出>://在第一条垂直中心线右侧点击鼠标左键

选择要偏移的对象，或 [退出(E)/放弃(U)] <退出>:回车

(4) 绘制直径为 26 的圆。

命令：_circle 指定圆的圆心或 [三点(3P)/两点(2P)/切点、切点、半径(T)]:

指定圆的半径或 [直径(D)]：13

(5) 绘制直径为 38 的圆。

命令：_circle 指定圆的圆心或 [三点(3P)/两点(2P)/切点、切点、半径(T)]:

指定圆的半径或 [直径(D)] <13.0000>：19

(6) 绘制内切圆直径为 16 的正六边形。

命令：_polygon 输入侧面数 <4>：<打开对象捕捉> 6

指定正多边形的中心点或 [边(E)]：//捕捉交点

输入选项 [内接于圆(I)/外切于圆(C)] <I>：c

指定圆的半径：8

(7) 绘制内切圆直径为 25 的正八边形。

命令：_polygon 输入侧面数 <6>：8

指定正多边形的中心点或 [边(E)]:

输入选项 [内接于圆(I)/外切于圆(C)] <C>:

指定圆的半径：12.5

(8) 绘制切线。

命令：_line 指定第一点：_tan 到//单击对象工具栏中的捕捉到切点按钮，在左圆切点附近单击鼠标

指定下一点或 [放弃(U)]：_tan 到//单击对象工具栏中的捕捉到切点按钮，在右圆切点附近单击鼠标

指定下一点或 [放弃(U)]:回车

(9) 利用"切点、切点和半径"选项绘制半径为 50 的相切圆。

命令：_circle 指定圆的圆心或 [三点(3P)/两点(2P)/切点、切点、半径(T)]：t//选择切点、切点、半径

指定对象与圆的第一个切点://在左圆切点附近单击鼠标

指定对象与圆的第二个切点://在右圆切点附近单击鼠标

指定圆的半径 <18.8000>：50

(10) 利用修剪命令，将多余的圆弧修剪掉。

命令：_trim

当前设置:投影=UCS，边=无

选择剪切边...

选择对象或 <全部选择>： 找到 1 个//选择左圆为一剪切边

选择对象：找到 1 个，总计 2 个//再选择右圆为另一剪切边

选择对象:

选择要修剪的对象,或按住 Shift 键选择要延伸的对象,或[栏选(F)/窗交(C)/投影(P)/边(E)/删除(R)/放弃(U)]: (选择半径为 50 的圆,点击上步所选圆之外的圆弧)

选择要修剪的对象,或按住 Shift 键选择要延伸的对象,或[栏选(F)/窗交(C)/投影(P)/边(E)/删除(R)/放弃(U)]:

(11) 利用打断命令,将多余的中心线去除。

命令:_break 选择对象://选择一条中心线,并在适当位置点击左键

指定第二个打断点 或 [第一点(F)]://指定中心线末端

2. 绘制复杂二维图形

例 2-3 利用绘图和编辑命令绘制如图 2-3 所示图形。

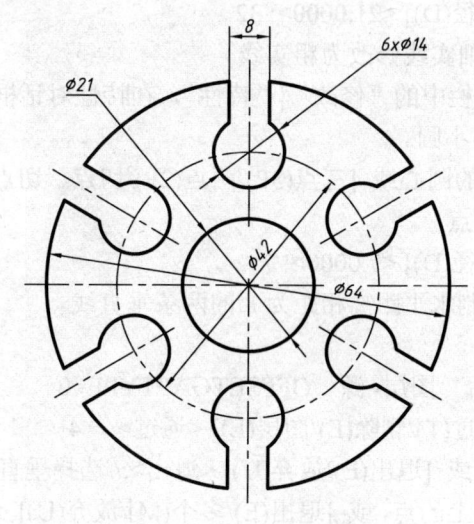

图 2-3 练习图例 3

(1) 绘制水平中心线。

命令:_line 指定第一点://选取适当位置

指定下一点或 [放弃(U)]://打开正交方式,选取适当位置

指定下一点或 [放弃(U)]:回车

(2) 绘制垂直中心线。

命令:_line 指定第一点://选取适当位置

指定下一点或 [放弃(U)]://选取适当位置

指定下一点或 [放弃(U)]:回车

(3) 绘制直径为 42 的中心线圆。

命令:_circle 指定圆的圆心或 [三点(3P)/两点(2P)/切点、切点、半径(T)]://圆心为中心线交点

指定圆的半径或 [直径(D)]: 21

(4) 将水平中心线线型由实线修改为中心线。

单击水平中心线,选择菜单栏中的"修改"|"特性",在特性对话框中改变线型为中心线。

19

(5) 利用"特性匹配"命令将垂直中心线线型修改为中心线。

单击工具栏"特性匹配"按钮

命令:'_matchprop 只能选择一个图元作为源对象。

选择源对象:（选择水平中心线)

选择目标对象或 [设置(S)]://选择垂直中心线

命令:_circle 指定圆的圆心或 [三点(3P)/两点(2P)/切点、切点、半径(T)]:

指定圆的半径或 [直径(D)]: 21

(6) 绘制直径为 64 的圆。

命令:_circle 指定圆的圆心或 [三点(3P)/两点(2P)/切点、切点、半径(T)]://圆心为中心线交点

指定圆的半径或 [直径(D)] <21.0000>: 32

(7) 将此圆的线型由细实线修改为粗实线。

单击此圆，选择菜单栏中的"修改"|"特性"，在特性对话框中改变线型为粗实线。

(8) 绘制直径为 14 的小圆。

命令:_circle 指定圆的圆心或 [三点(3P)/两点(2P)/切点、切点、半径(T)]://圆心为中心线圆与垂直中心线的交点

指定圆的半径或 [直径(D)] <7.0000>: 7

(9) 利用偏移命令绘制水平距离相距为 8 的两条垂直线。

命令:_offset

当前设置: 删除源=否　图层=源　OFFSETGAPTYPE=0

指定偏移距离或 [通过(T)/删除(E)/图层(L)] <通过>: 4

选择要偏移的对象，或 [退出(E)/放弃(U)] <退出>://选择垂直中心线

指定要偏移的那一侧上的点，或 [退出(E)/多个(M)/放弃(U)] <退出>: //在垂直中心线左侧点击鼠标左键

选择要偏移的对象，或 [退出(E)/放弃(U)] <退出>://选择垂直中心线

指定要偏移的那一侧上的点，或 [退出(E)/多个(M)/放弃(U)] <退出>: //在垂直中心线右侧点击鼠标左键

选择要偏移的对象，或 [退出(E)/放弃(U)] <退出>:回车

(10) 利用修剪命令，将图 2-4 所示图形修剪好。

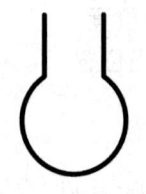

图 2-4　修剪图形

命令:_trim

当前设置:投影=UCS，边=无

选择剪切边...

选择对象或 <全部选择>://依次选择将所有修剪边界

选择对象:回车
选择要修剪的对象，或按住 Shift 键选择要延伸的对象，或
[栏选(F)/窗交(C)/投影(P)/边(E)/删除(R)/放弃(U)]://依次选择要修剪的对象
选择要修剪的对象，或按住 Shift 键选择要延伸的对象，或
[栏选(F)/窗交(C)/投影(P)/边(E)/删除(R)/放弃(U)]:回车
(11) 利用"特性匹配"命令将图 2-4 的线型修改为粗实线。
单击工具栏"特性匹配"按钮
命令：'_matchprop 只能选择一个图元作为源对象。
选择源对象:(选择直径为 64 的粗实线圆)
选择目标对象或 [设置(S)]://选择图 2-4 的图形对象
(12) 利用阵列命令实现图 2-4 所示的环形阵列。
命令：_arraypolar
选择对象：找到 1 个
选择对象：找到 1 个，总计 2 个
选择对象：找到 1 个，总计 3 个//依次选择阵列对象
选择对象：
类型 = 极轴　关联 = 是
指定阵列的中心点或 [基点(B)/旋转轴(A)]：//选择圆心为中心点
输入项目数或 [项目间角度(A)/表达式(E)] <4>：6
指定填充角度(+=逆时针、-=顺时针)或 [表达式(EX)] <360>:
按 Enter 键接受或 [关联(AS)/基点(B)/项目(I)/项目间角度(A)/填充角度(F)/行(ROW)/层(L)/旋转项目(ROT)/退出(X)]
<退出>：
(13) 利用修剪命令依次将直径为 64 的圆按图形要求修剪。
命令：_trim
当前设置:投影=UCS，边=无
选择剪切边...
选择对象或 <全部选择>://依次选择剪切边界，共 10 个
选择对象：
选择要修剪的对象，或按住 Shift 键选择要延伸的对象，或
[栏选(F)/窗交(C)/投影(P)/边(E)/删除(R)/放弃(U)]://依次在大圆上选择要修剪的部分
选择要修剪的对象，或按住 Shift 键选择要延伸的对象，或
[栏选(F)/窗交(C)/投影(P)/边(E)/删除(R)/放弃(U)]:回车
(14) 绘制倾斜中心线。
命令：_line 指定第一点：
指定下一点或 [放弃(U)]:
指定下一点或 [放弃(U)]:回车
命令：_line 指定第一点：
指定下一点或 [放弃(U)]:

指定下一点或 [放弃(U)]:回车

(15) 绘制辅助圆作为倾斜中心线延长的边界。

命令：_circle 指定圆的圆心或 [三点(3P)/两点(2P)/切点、切点、半径(T)]:
指定圆的半径或 [直径(D)] <7.0000>：35

(16) 用延伸命令将倾斜辅助线延长。

命令：_extend

当前设置:投影=UCS，边=无

选择边界的边...

选择对象或 <全部选择>://选择辅助圆

选择对象:

选择要延伸的对象，或按住 Shift 键选择要修剪的对象，或

[栏选(F)/窗交(C)/投影(P)/边(E)/放弃(U)]://依次选择要延伸的线

选择要延伸的对象，或按住 Shift 键选择要修剪的对象，或

[栏选(F)/窗交(C)/投影(P)/边(E)/放弃(U)]:

(17) 删除辅助圆。

命令：_erase

选择对象://选择辅助圆

选择对象:回车

(18) 利用"特性匹配"命令将图倾斜中心线的线型修改为中心线。

单击工具栏"特性匹配"按钮

命令：'_matchprop 只能选择一个图元作为源对象。

选择源对象://选择图形中的一条中心线

选择目标对象或 [设置(S)]://选择倾斜线

(19) 按题例要求将倾斜中心线打断。

命令：_break 选择对象： <对象捕捉 关>//选择对象，同时指定第一断点

指定第二个打断点 或 [第一点(F)]://指定第二断点

命令:回车

命令：_break 选择对象://选择对象，同时指定第一断点

指定第二个打断点 或 [第一点(F)]: //指定第二断点

例2-4 利用绘图和编辑命令绘制如图 2-5 所示图形。

(1) 绘制直径为 26 的圆的水平中心线。

命令：_line 指定第一点://选取适当位置

指定下一点或 [放弃(U)]： <正交 开>//选取适当位置

指定下一点或 [放弃(U)]:

(2) 绘制直径为 26 的圆的垂直中心线。

命令：_line 指定第一点://选取适当位置

指定下一点或 [放弃(U)]： <正交 开>//选取适当位置

指定下一点或 [放弃(U)]:

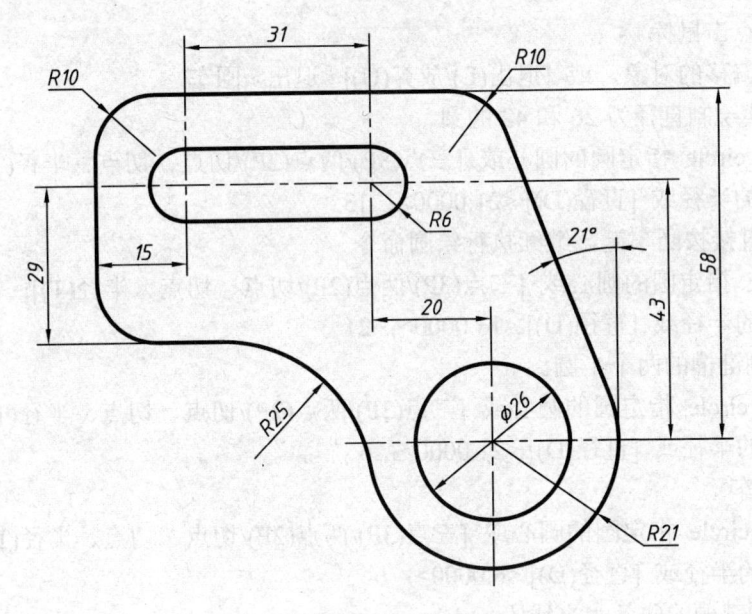

图 2-5 练习图例 4

(3) 用特性匹配命令将两线改为中心线。

命令：'_matchprop

选择源对象:(选择一条中心线)

当前活动设置： 颜色 图层 线型 线型比例 线宽 透明度 厚度 打印样式 标注 文字 图案填充 多段线 视口 表格材质 阴影显示 多重引线

选择目标对象或 [设置(S)]://选择水平线

选择目标对象或 [设置(S)]://选择垂直线

选择目标对象或 [设置(S)]:回车

(4) 利用复制命令绘制键槽复制中心线。

命令：_copy

选择对象：找到 1 个//选择水平线

选择对象：找到 1 个，总计 2 个//选择垂直线

选择对象：

当前设置： 复制模式 = 多个

指定基点或 [位移(D)/模式(O)] <位移>://基点为中心线交点

指定第二个点或 [阵列(A)] <使用第一个点作为位移>：@-51,43

指定第二个点或 [阵列(A)/退出(E)/放弃(U)] <退出>：*取消*

(5) 利用偏移命令绘制键槽第二条垂直中心线。

命令：_offset

当前设置：删除源=否 图层=源 OFFSETGAPTYPE=0

指定偏移距离或 [通过(T)/删除(E)/图层(L)] <通过>：31

选择要偏移的对象，或 [退出(E)/放弃(U)] <退出>://选择键槽第一条中心线

指定要偏移的那一侧上的点，或 [退出(E)/多个(M)/放弃(U)] <退出>://在键槽第一条

中心线右侧点击鼠标

选择要偏移的对象，或 [退出(E)/放弃(U)] <退出>:回车

(6) 连续绘制直径为 26 和 42 的圆。

命令：_circle 指定圆的圆心或 [三点(3P)/两点(2P)/切点、切点、半径(T)]:

指定圆的半径或 [直径(D)] <21.0000>：13

命令://直接按回车键，继续执行绘圆命令

CIRCLE 指定圆的圆心或 [三点(3P)/两点(2P)/切点、切点、半径(T)]:

指定圆的半径或 [直径(D)] <13.0000>：21

(7) 绘制键槽的两个半圆。

命令：_circle 指定圆的圆心或 [三点(3P)/两点(2P)/切点、切点、半径(T)]:

指定圆的半径或 [直径(D)] <21.0000>：6

命令:回车

命令：_circle 指定圆的圆心或 [三点(3P)/两点(2P)/切点、切点、半径(T)]:

指定圆的半径或 [直径(D)] <6.0000>：6

(8) 绘制键槽的两条水平线段。

命令：_line 指定第一点://键槽左圆与中心线的上交点

指定下一点或 [放弃(U)]://键槽右圆与中心线的上交点

指定下一点或 [放弃(U)]:回车

命令：_line 指定第一点://键槽左圆与中心线的下交点

指定下一点或 [放弃(U)]://键槽右圆与中心线的下交点

指定下一点或 [放弃(U)]:回车

(9) 利用修剪命令，完成键槽。

命令：_trim

当前设置:投影=UCS，边=无

选择剪切边...

选择对象或 <全部选择>：//依次选择剪切边

选择对象:

选择要修剪的对象，或按住 Shift 键选择要延伸的对象，或

[栏选(F)/窗交(C)/投影(P)/边(E)/删除(R)/放弃(U)]://依次选择要修剪部分

选择要修剪的对象，或按住 Shift 键选择要延伸的对象，或

[栏选(F)/窗交(C)/投影(P)/边(E)/删除(R)/放弃(U)]:回车

(10) 依次用偏移、延伸和绘制直线命令，绘制外轮廓，如图 2-6 所示。

命令：_offset

当前设置：删除源=否 图层=源 OFFSETGAPTYPE=0

指定偏移距离或 [通过(T)/删除(E)/图层(L)] <31.0000>：15

选择要偏移的对象，或 [退出(E)/放弃(U)] <退出>:

指定要偏移的那一侧上的点，或 [退出(E)/多个(M)/放弃(U)] <退出>:

选择要偏移的对象，或 [退出(E)/放弃(U)] <退出>： *取消*

命令：

命令：_offset
当前设置：删除源=否　图层=源　OFFSETGAPTYPE=0
指定偏移距离或 [通过(T)/删除(E)/图层(L)] <15.0000>：15
选择要偏移的对象，或 [退出(E)/放弃(U)] <退出>：
指定要偏移的那一侧上的点，或 [退出(E)/多个(M)/放弃(U)] <退出>：
选择要偏移的对象，或 [退出(E)/放弃(U)] <退出>：*取消*
命令：
命令：_offset
当前设置：删除源=否　图层=源　OFFSETGAPTYPE=0
指定偏移距离或 [通过(T)/删除(E)/图层(L)] <15.0000>：29
选择要偏移的对象，或 [退出(E)/放弃(U)] <退出>：
指定要偏移的那一侧上的点，或 [退出(E)/多个(M)/放弃(U)] <退出>：
选择要偏移的对象，或 [退出(E)/放弃(U)] <退出>：
命令：
命令：_extend
当前设置:投影=UCS，边=无
选择边界的边...
选择对象或 <全部选择>：找到 1 个
选择对象：
选择要延伸的对象，或按住 Shift 键选择要修剪的对象，或
[栏选(F)/窗交(C)/投影(P)/边(E)/放弃(U)]：
选择要延伸的对象，或按住 Shift 键选择要修剪的对象，或
[栏选(F)/窗交(C)/投影(P)/边(E)/放弃(U)]：
命令：
命令：_line 指定第一点：_tan 到//选择 $\phi 42$ 的圆
指定下一点或 [放弃(U)]：@100<111
指定下一点或 [放弃(U)]：
(11) 利用倒圆角命令完成图形中的圆角。
命令：_fillet
当前设置：模式 = 修剪，半径 = 20.0000
选择第一个对象或 [放弃(U)/多段线(P)/半径(R)/修剪(T)/多个(M)]：r
指定圆角半径 <20.0000>：10
选择第一个对象或 [放弃(U)/多段线(P)/半径(R)/修剪(T)/多个(M)]：
选择第二个对象，或按住 Shift 键选择对象以应用角点或 [半径(R)]:
命令：
FILLET
当前设置：模式 = 修剪，半径 = 10.0000
选择第一个对象或 [放弃(U)/多段线(P)/半径(R)/修剪(T)/多个(M)]：
选择第二个对象，或按住 Shift 键选择对象以应用角点或 [半径(R)]:

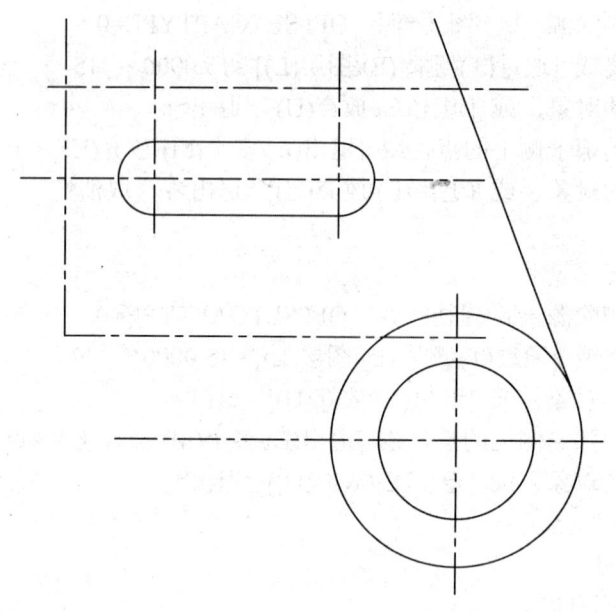

图 2-6 编辑图形

选择第二个对象，或按住 Shift 键选择对象以应用角点或 [半径(R)]:
命令:FILLET
当前设置：模式 = 修剪，半径 = 10.0000
选择第一个对象或 [放弃(U)/多段线(P)/半径(R)/修剪(T)/多个(M)]:
选择第二个对象，或按住 Shift 键选择对象以应用角点或 [半径(R)]:
命令:
命令：_fillet
当前设置：模式 = 修剪，半径 = 10.0000
选择第一个对象或 [放弃(U)/多段线(P)/半径(R)/修剪(T)/多个(M)]：r
指定圆角半径 <10.0000>：25
选择第一个对象或 [放弃(U)/多段线(P)/半径(R)/修剪(T)/多个(M)]:
选择第二个对象，或按住 Shift 键选择对象以应用角点或 [半径(R)]:
(12) 利用特性匹配命令修改粗实线轮廓。
命令：'_matchprop
选择源对象：//任选一条粗实线
当前活动设置： 颜色 图层 线型 线型比例 线宽 透明度 厚度 打印样式 标注 文字 图案填充 多段线 视口 表格材质 阴影显示 多重引线
选择目标对象或 [设置(S)]：//依次选择目标图形对象
选择目标对象或 [设置(S)]:回车
最后，利用打断修改图形中的中心线，即可得到图 2-7 所示图形。

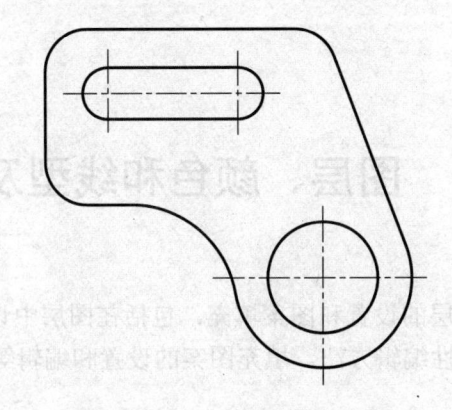

图 2-7 练习图例 4 最终结果

三、上机练习

绘制图 2-8～图 2-10 所示图形。

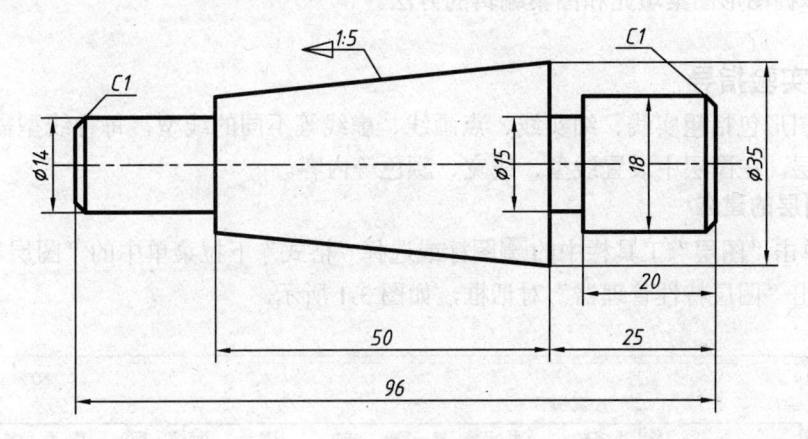

图 2-8 作图练习题 1

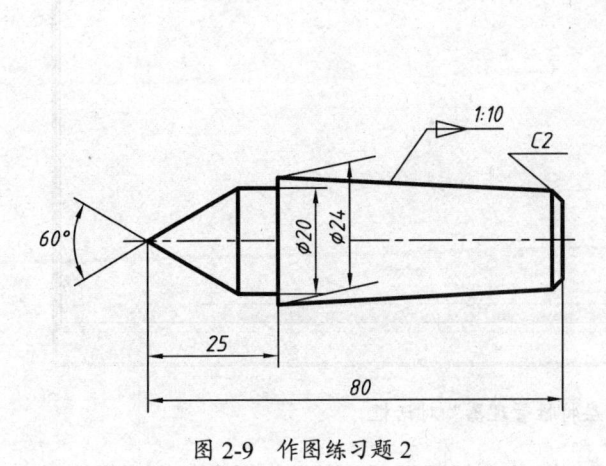

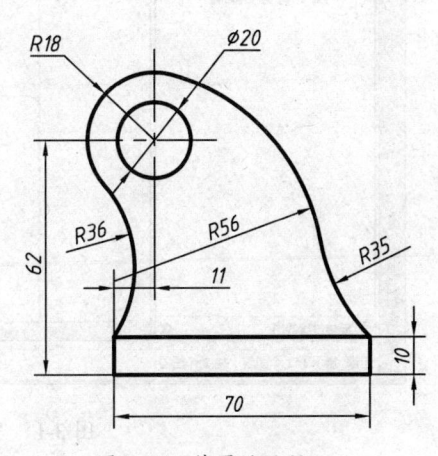

图 2-9 作图练习题 2

图 2-10 作图练习题 3

上机实验 3　图层、颜色和线型及图案填充

本次实验主要学习图层的设置和图案填充，包括在图层中设置线型、颜色、线宽等属性，以及图形对象的属性编辑方法，填充图案的设置和编辑等内容。

一、实验要求
(1) 掌握图层、颜色、线型和线宽的设置方法。
(2) 掌握对象属性编辑的方法。
(3) 掌握图形图案填充和图案编辑的方法。

二、实验指导
平面图形包括粗实线、细实线、点画线、虚线等不同的线型，每种线型需建立一个相应的图层，在图层中设置线型、线宽、颜色等内容。

1. 图层的建立
(1) 单击"图层"工具栏中的图标或选择"格式"下拉菜单中的"图层"，即 layer 命令，弹出"图层特性管理器"对话框，如图 3-1 所示。

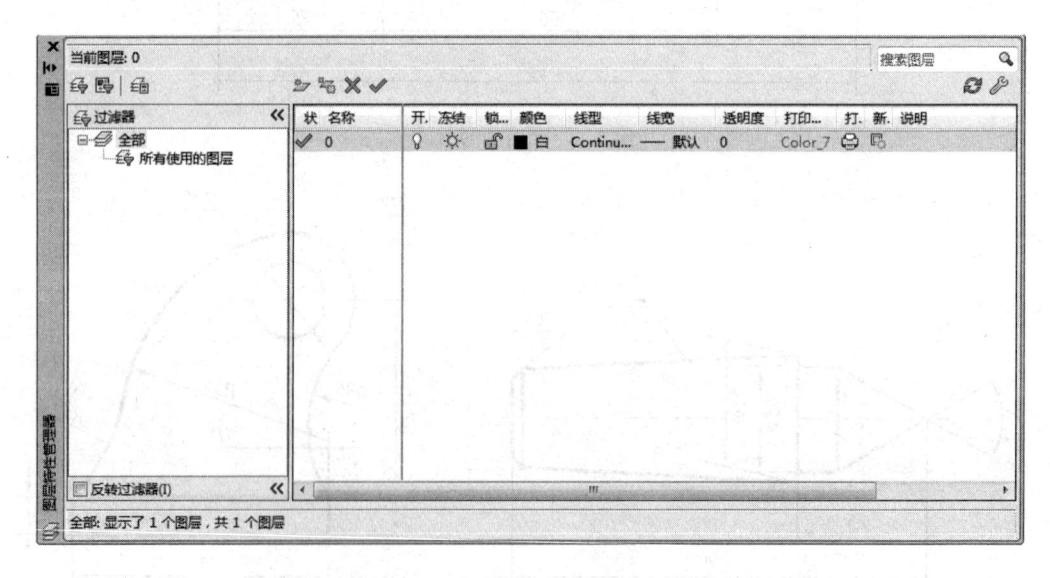

图 3-1　"图层特性管理器"对话框

(2) 单击对话框中的"新建层"按钮，建立新图层 1，定义新层名"点画线"，如图 3-2 所示。

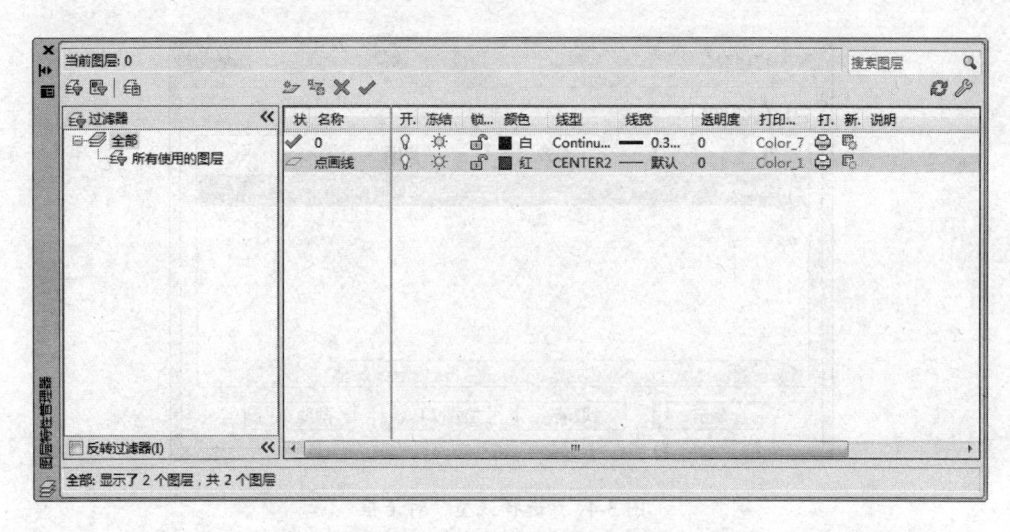

图 3-2 新建"点画线"新图层

2. 颜色的设置

单击对话框中的"颜色" ■白 按钮或选择"格式"下拉菜单中的"颜色"命令，即 color 命令，弹出"选择颜色"对话框。在对话框的"索引颜色"选项卡中选择相应的颜色按钮，如图 3-3 所示。单击"确定"按钮，返回"图层特性编辑器"对话框。

图 3-3 "选择颜色"对话框

3. 线型的设置

(1) 单击对话框中的"线型" Continu... 按钮或选择"格式"下拉菜单中的"线型"，即 linetype 命令，弹出"选择线型"对话框，如图 3-4 所示。

(2) 单击对话框中的"加载"按钮，弹出"加载或重载线型"对话框，如图 3-5 所示。在对话框中选择加载新的线型，点画线选择 CENTER 或 CENTER2 线型，虚线选择 DASHED 或 DASHED2 线型。单击"确定"按钮后，选中的线型自动加载到"选择线型"对话框中。

29

图 3-4 "选择线型"对话框

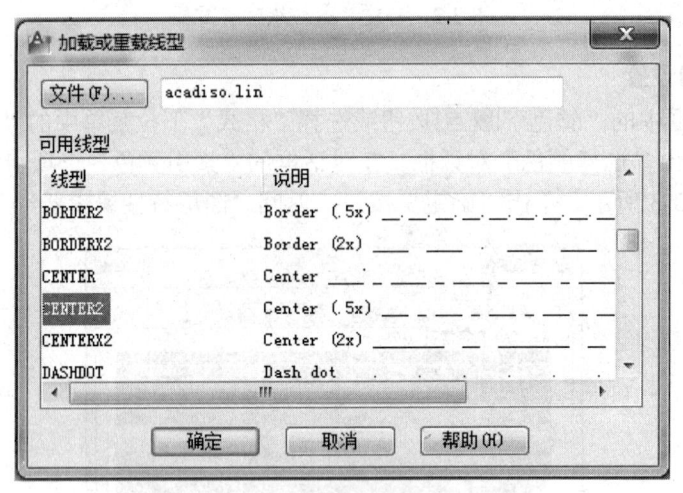

图 3-5 "加载或重载线型"对话框

(3) 在"选择线型"对话框中,选中"点画线",如图 3-6 所示。单击"确定"按钮,完成线型的选择。

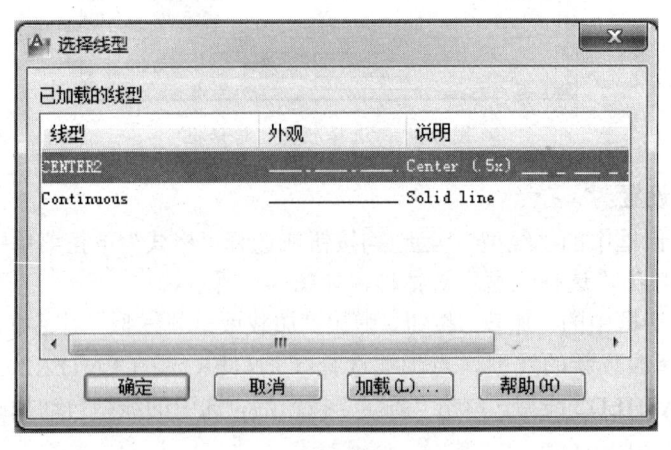

图 3-6 "选择线型"对话框

4. 线宽的设置

单击对话框中的"线宽"———默认 按钮或选择"格式"下拉菜单中的"线宽",即 lweight 命令,弹出"线宽"对话框,如图 3-7 所示。在该对话框中设置图层线型对应的线宽。

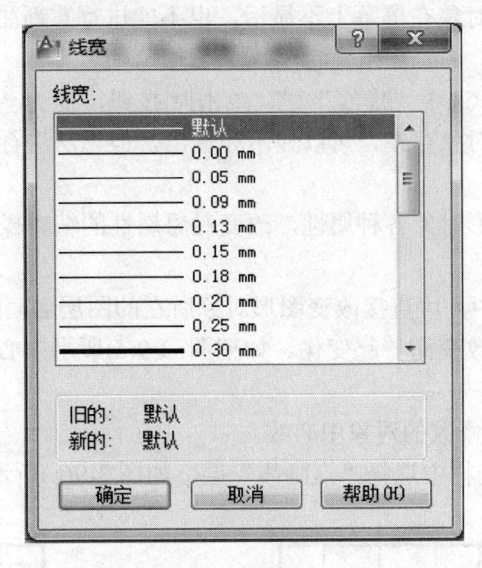

图 3-7 "线宽"对话框

5. "图层特性编辑器"对话框中的其他设置

根据图形需要完成相应图层的设置,如图 3-8 所示。使用图层的控制功能,可以对复杂图形进行规划管理和状态控制。

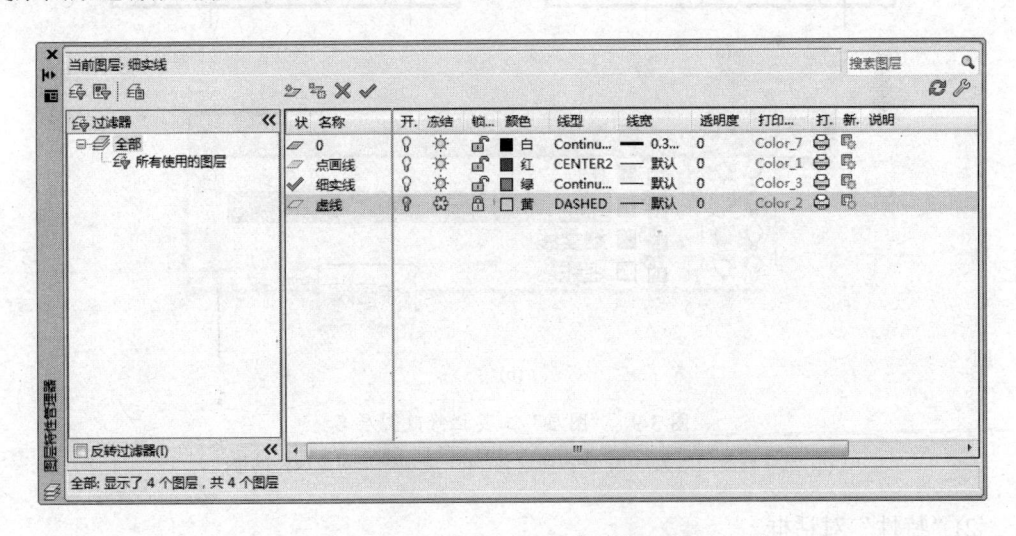

图 3-8 完成图层设置的"图层特性管理器"对话框

(1) 当前层的设置。例如,选中"细实线"层,单击 ✓ 按钮,即将该层设为当前层。

(2) 删除层。例如,选中"虚线"层,单击 ✕ 按钮,即删除选中层。

(3) 关闭层。例如选中"虚线"层,单击 ♀ 按钮,变为 ♀,该图层即被关闭。图层

31

上所有的图形对象被隐藏，该层上的图形不能被打印或由绘图仪输出，但重新生成图形时，图层上的实体仍将重新生成。

(4) 冻结层。例如，选中"虚线"层，单击 按钮，变为 ，该图层对象被冻结。在该图层上绘制的图形对象在屏幕上不显示，也不能进行重新生成、消隐等编辑操作和输出打印。

(5) 锁定层。例如，选中"虚线"层，单击 按钮，变为 ，该图层对象被锁定。在该图层上绘制的图形对象存在，可以显示和输出，但无法进行编辑操作。

6. 对象属性编辑

在图层中赋予了图形对象各种属性，改变对象属性的编辑操作有三种方法。

1) "图层"工具栏

在"图层"工具栏中，可直接改变图形对象所在的图层名，图形对象的线型、线宽、颜色等属性随图层名的改变而一起变化。如把图 3-9(a)所示中心线由细实线修改为点画线，过程如下：

(1) 选中图 3-9(a)中修改的对象中心线。

(2) 在"图层"工具栏中选择"点画线"层，如图 3-9(b)所示。

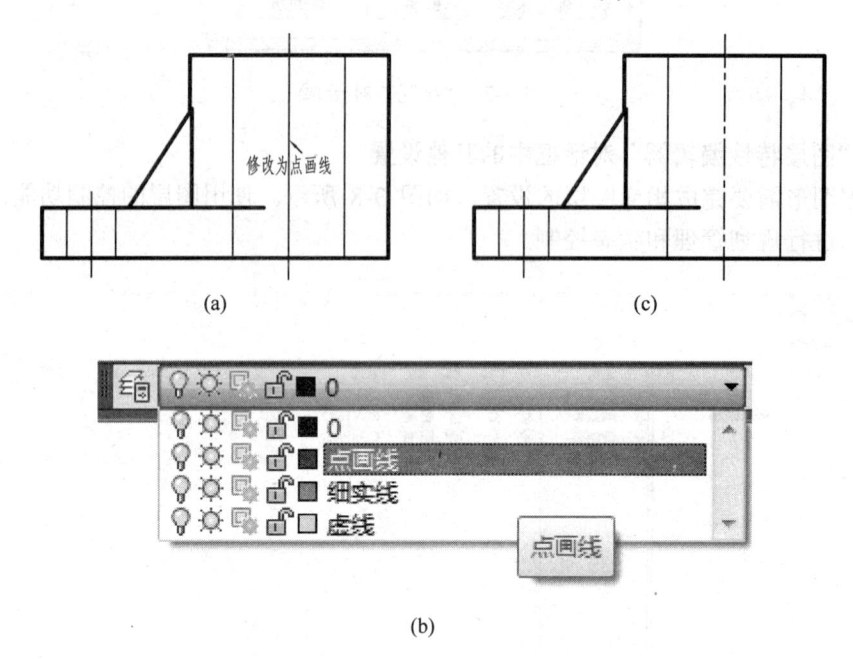

图 3-9 "图层"工具栏修改图层名

(a) 选中修改的对象；(b) 修改图层名；(c) 完成图形对象属性的修改。

2) "特性"对话框

在"特性"对话框中可直接改变图形对象所在的图层名，也能单独修改线型、颜色等属性。如把图 3-10(a)所示细实线修改为虚线，过程如下：

(1) 选中图 3-10(a)中修改的对象。

(2) 单击"特性"工具栏中的 图标或选择"修改"下拉菜单中的"特性"，即 properties 命令，弹出"特性"对话框，如图 3-10(b)所示。

32

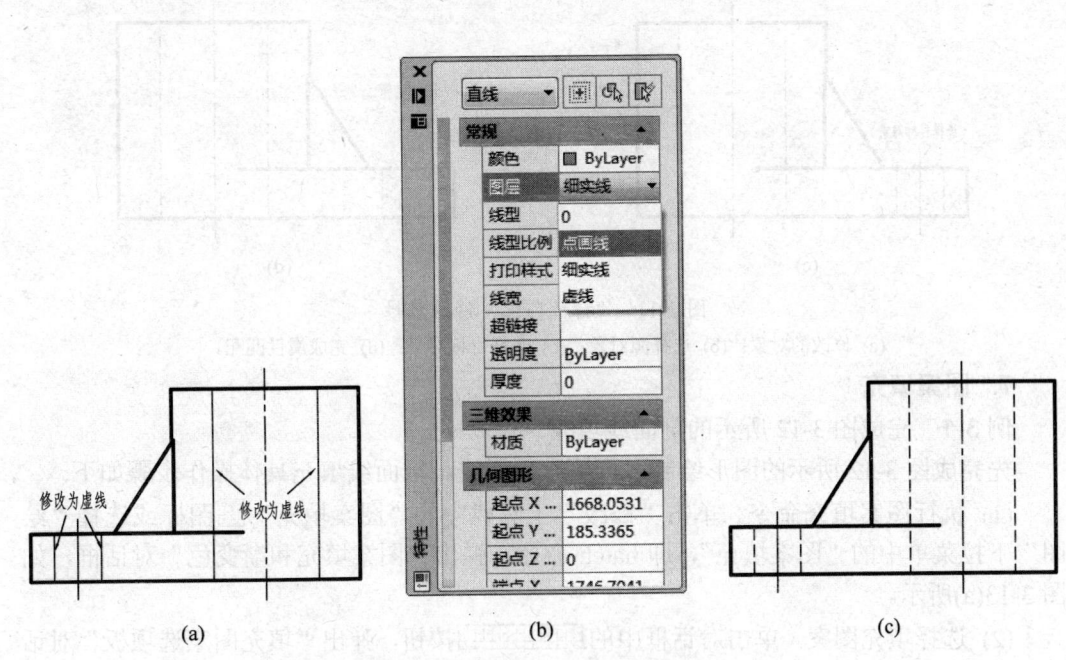

图 3-10 "特性"对话框修改属性

(a) 选中修改的对象；(b) "特性"对话框；(c) 完成图形对象属性的修改。

3) "特性匹配"命令

该命令用于将一个图形对象的多种属性复制给另一个图形对象，使这些图形对象具有相同的属性。单击"特性匹配"图标或选择"修改"下拉菜单中的"特性匹配"，即 matchprop 命令。例如，把图 3-11(a)所示的一条细实线变成图 3-11(d)所示的中心线，具体操作步骤如下：

命令：'_matchprop

选择源对象:// 选择图 3-11(b)所示中心线

当前活动设置：颜色图层 线型 线型比例 线宽 透明度 厚度 打印样式 标注 文字 图案填充 多段线 视口 表格材质 阴影显示 多重引线

选择目标对象或 [设置(S)]://选择图 3-11(c)中需要修改的目标对象

选择目标对象或 [设置(S)]:回车

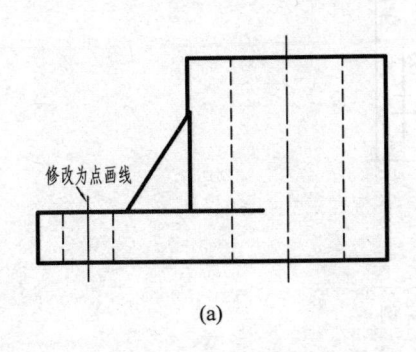

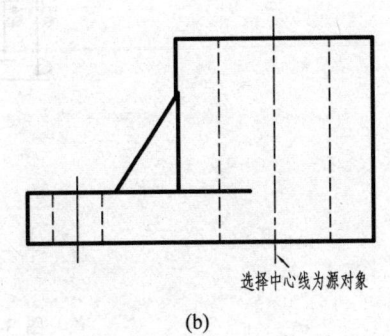

(a)

(b)

33

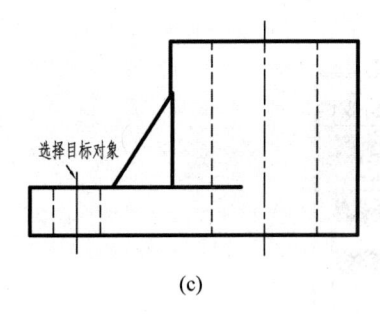

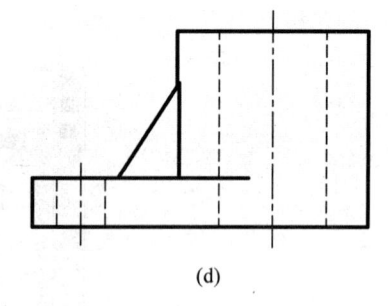

图 3-11 "特性匹配"修改属性

(a) 修改的对象；(b) 选择源对象；(c) 选择目标对象；(d) 完成属性匹配。

7. 图案填充

例 3-1 完成图 3-12 所示的剖面线填充。

先完成图 3-12 所示的图形绘制，再填充剖面线。剖面线填充具体操作步骤如下：

(1) 执行图案填充命令。单击"修改"工具栏中的"图案填充"图标或选择"绘图"下拉菜单中的"图案填充"，即 hatch 命令，弹出"图案填充和渐变色"对话框，如图 3-13(a)所示。

(2) 选择填充图案。单击对话框中的 按钮，弹出"填充图案选项板"对话框，如图 3-13(b)所示。在对话框"ANSI"标签页中，选择填充的图案"ANSI31"，如图 3-13(c)所示。单击"确定"按钮，回到"图案填充和渐变色"对话框，如图 3-13(d)所示。

(3) 设置图案属性。在"图案填充和渐变色"对话框中的"角度"和"比例"选项中，设置剖面线的倾斜方向和间距，如图 3-13(e)、(f)所示。

(4) 设置填充边界。方法一：使用"拾取点"设置填充边界。在"图案填充和渐变色"对话框中点击 按钮，转到绘图窗口。在需要填充图案的区域中拾取内部点，如图 3-13(g)所示。该方式要求填充区域必须是封闭的，否则会出现"边界不封闭"的提示。

(5) 单击 Enter 键，转到"填充图案选项板"对话框，单击"确定"按钮完成图案填充。

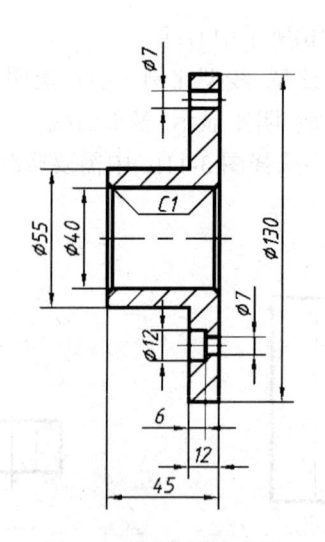

图 3-12 图案填充实例

(a)　(b)　(c)　(d)　(e)　(f)

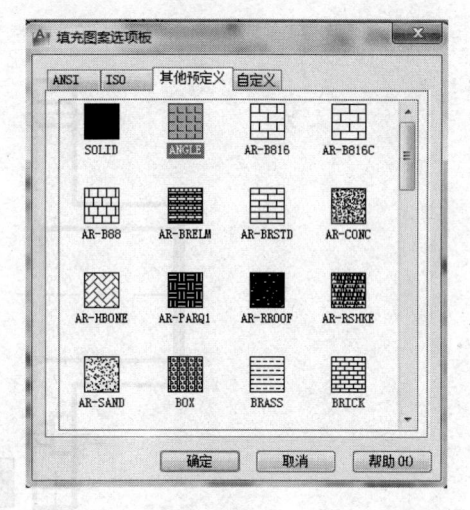

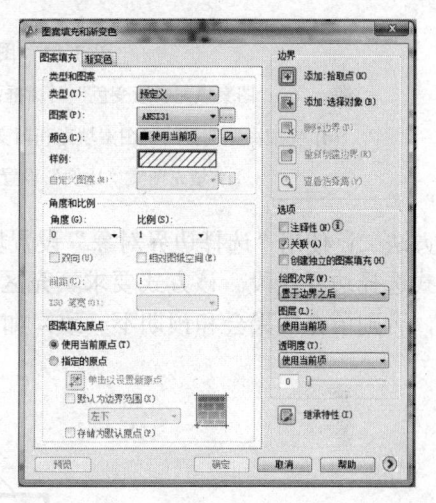

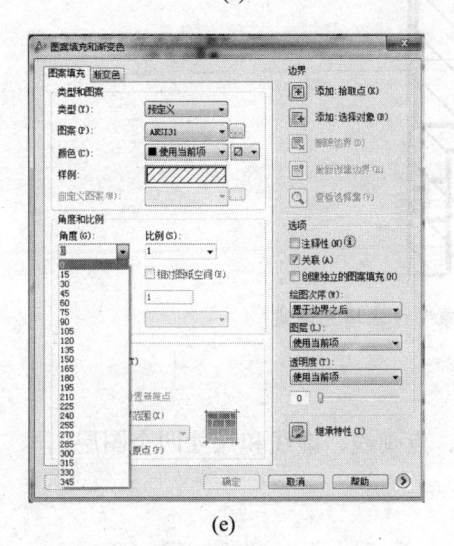

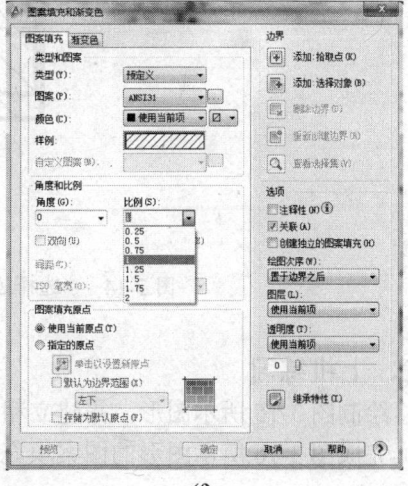

(g)

图 3-13 图案填充操作过程

(a)"图案填充和渐变色"对话框；(b)、(c)"填充图案选项板"对话框；
(d) 完成图案选择的"图案填充和渐变色"对话框；(e) 填充图案"角度"设置；
(f) 填充图案"比例"设置；(g)"拾取点"设置填充边界。

方法二：使用"选择边界对象"设置填充边界。单击 按钮，使用"选择边界对象"的方式选择边界线段。该方式要求填充区域的边界必须是独立的线段，不能与其他区域公用，否则填充效果会和预期不一致，如图 3-14 所示。

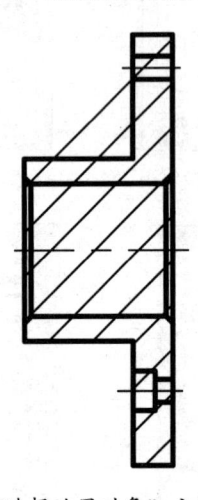

图 3-14 "选择边界对象"方法填充图案

三、上机练习

1. 绘制图 3-15 所示图形，需建立粗实线、点画线、虚线和尺寸四个图层。
2. 完成图 3-16 所示图形的图案填充。

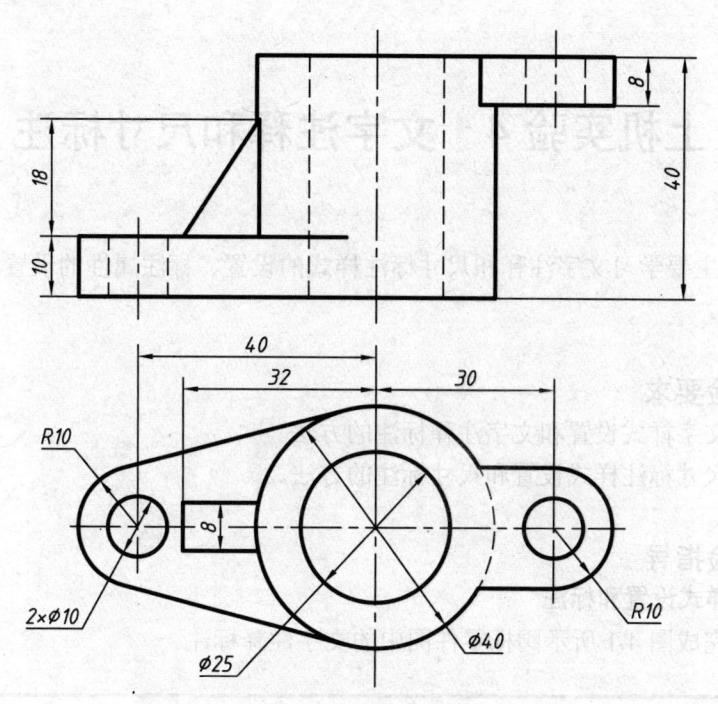

图 3-15 图层设置练习

图 3-16 图案填充练习

37

上机实验 4 文字注释和尺寸标注

本次实验主要学习文字注释和尺寸标注样式的设置、标注属性的设置和编辑以及标注方法等内容。

一、实验要求
(1) 掌握文字样式设置和文字注释标注的方法。
(2) 掌握尺寸标注样式设置和尺寸标注的方法。

二、实验指导
1. 文字样式设置和标注
例 4-1 完成图 4-1 所示阀杆零件图中的文字注释标注。

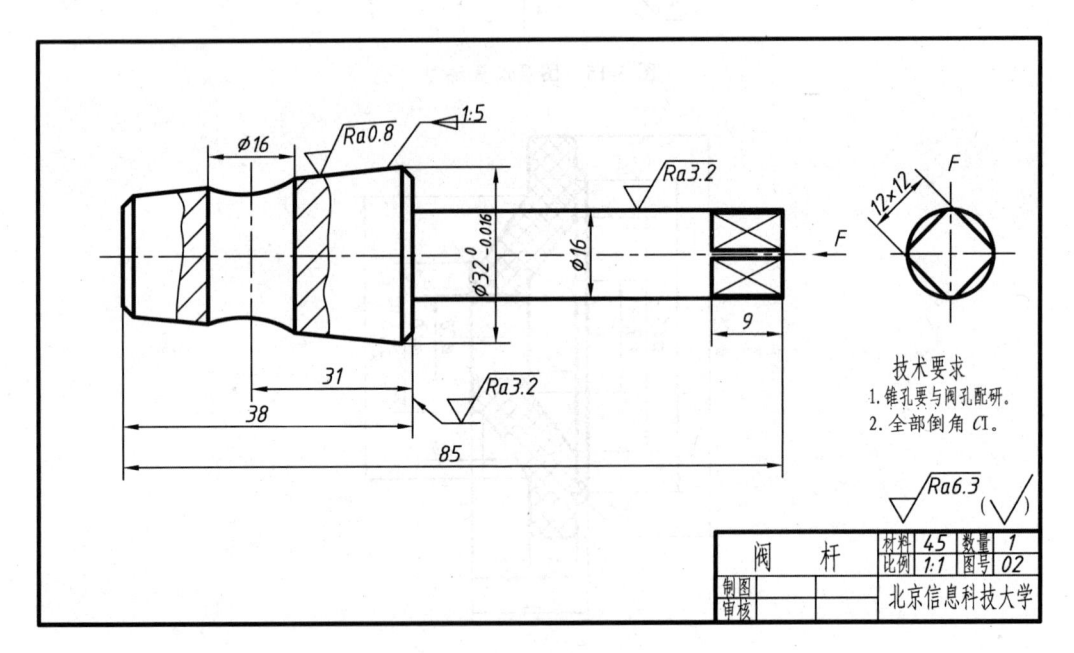

图 4-1 "阀杆"零件图

1) 设置文字样式

单击"样式"工具栏中的图标或选择"格式"下拉菜单中的"文字样式",即 style 命令,弹出"文字样式"对话框,如图 4-2 所示。

(1) 设置文字样式名。单击"新建"按钮,弹出"新建文字样式"对话框,输入新的样式名"文字",如图 4-3 所示。

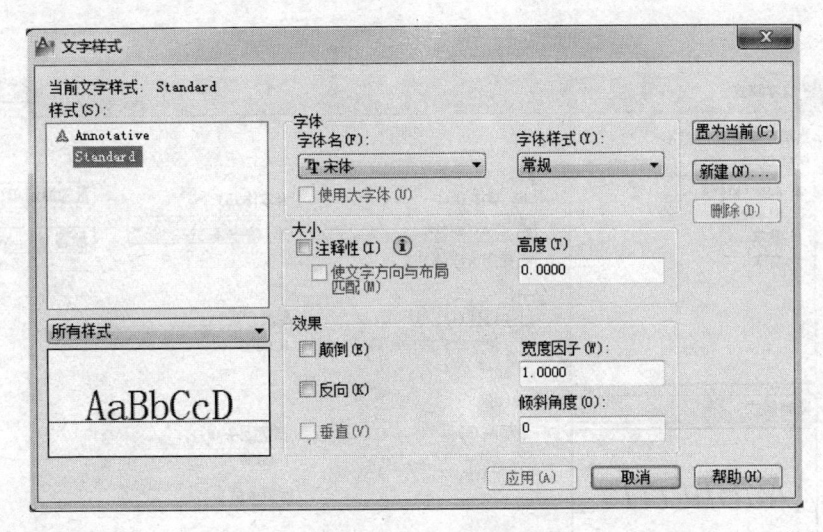

图 4-2 "文字样式"对话框

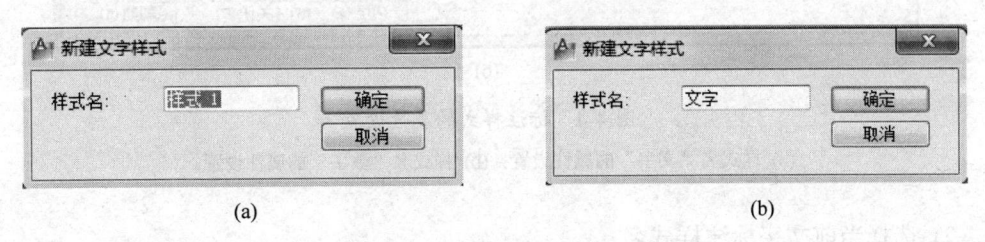

图 4-3 设置文字样式名
(a) "新建文字样式"对话框；(b) 建立新样式名"文字"。

(2) 设置文字样式的属性。单击"确定"按钮，回到"文字样式"对话框。在对话框中选择"字体名"、"字体样式"、"宽度因子"、"倾斜角度"等内容，如图 4-4(a)所示。单击"应用"按钮，完成样式名为"文字"的文字样式属性设置。在图中，如还需要注释数字和字母等内容，采用同样方法完成样式名为"数字"的文字样式属性设置，如图 4-4(b)所示。

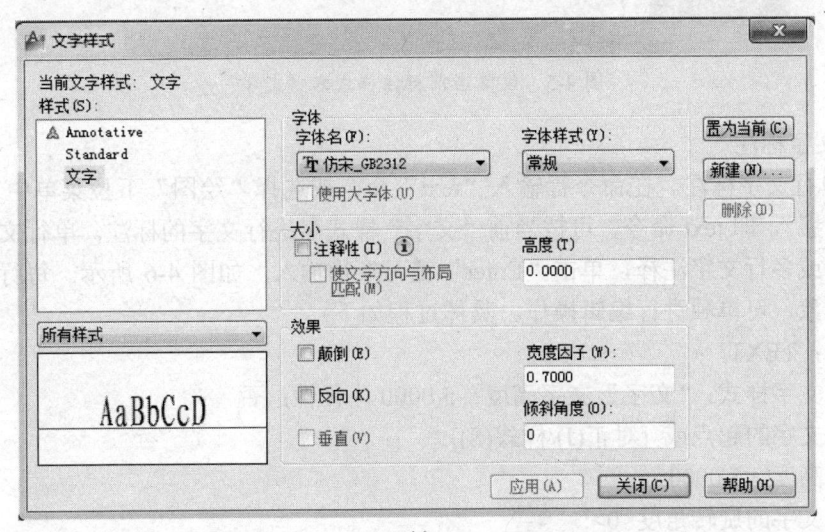

(a)

39

(b)

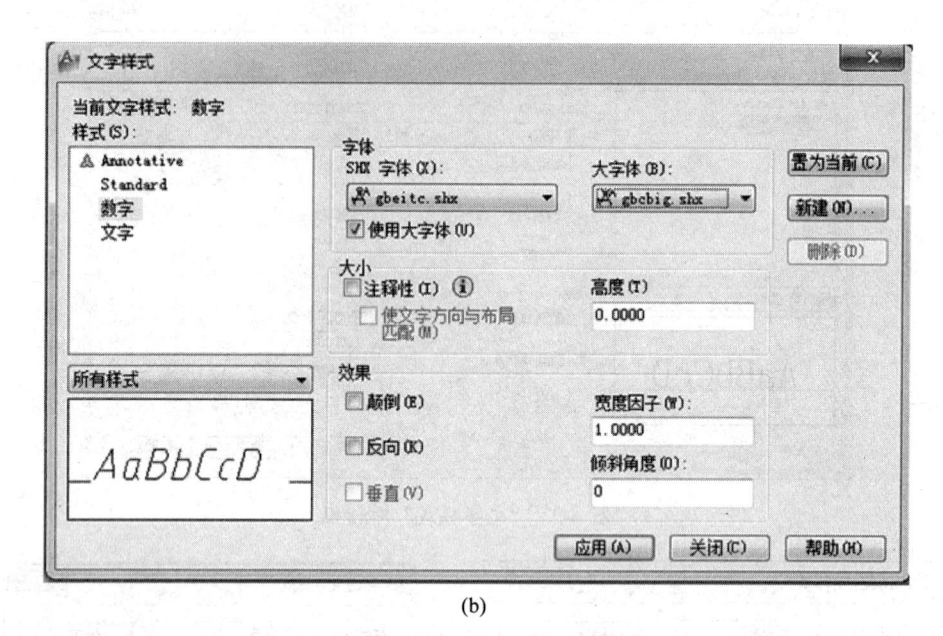

图 4-4 标注样式的属性设置

(a) 样式名"文字"的属性设置；(b) 样式名"数字"的属性设置。

2) 选择当前文字标注样式名

在"文字样式"对话框选中"文字"样式名，单击"置为当前"按钮，将"文字"样式名置为当前。也可在"样式"工具栏中设置当前文字注释样式名，如图 4-5 所示。

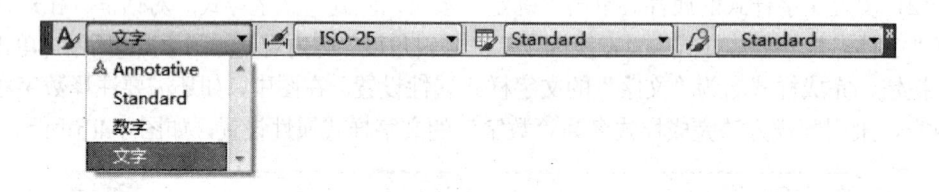

图 4-5 设置当前标注样式名"文字"

3) 文字标注

(1) 单行文字标注。在命令行输入"text"命令或选择"绘图"下拉菜单中"文字"/"单行文字"，即 text 命令，可按当前"文字"样式名进行文字的标注。单行文字标注可创建一行或多行文字注释，单击"Enter"键可换行输入，如图 4-6 所示。每行文字都是独立的对象，可单独进行编辑操作。具体过程如下：

命令：TEXT
当前文字样式："文字"文字高度：5.0000 注释性：否
指定文字的起点或 [对正(J)/样式(S)]:
指定高度 <5.0000>:
指定文字的旋转角度<0>:

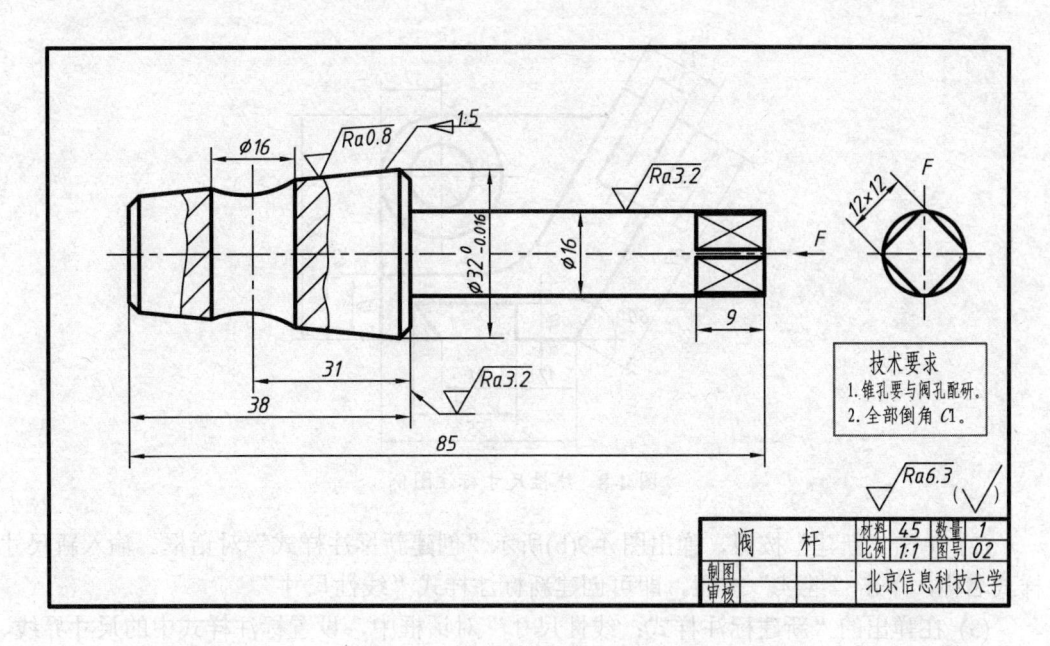

图 4-6 "text"命令单行文字标注

(2) 多行文字标注。单击"绘图"工具条中的 A 图标或选择"绘图"下拉菜单中"文字"/"多行文字",即 mtext 命令。指定窗口大小,弹出"文字格式"对话框,即可进入文字编辑文本框。在该文本框中输入相关文字,输入完成后,单击绘图窗口的空白处,即完成多行文字标注,如图 4-7 所示。多行文字标注的内容作为一个对象处理,可对当前文字进行修改编辑。双击要修改的文字对象,可再次弹出"文字格式"对话框,根据需要选择相应图标即可进行"样式名"、"字体"、"字号"、"对齐方式"等相关内容的修改编辑。

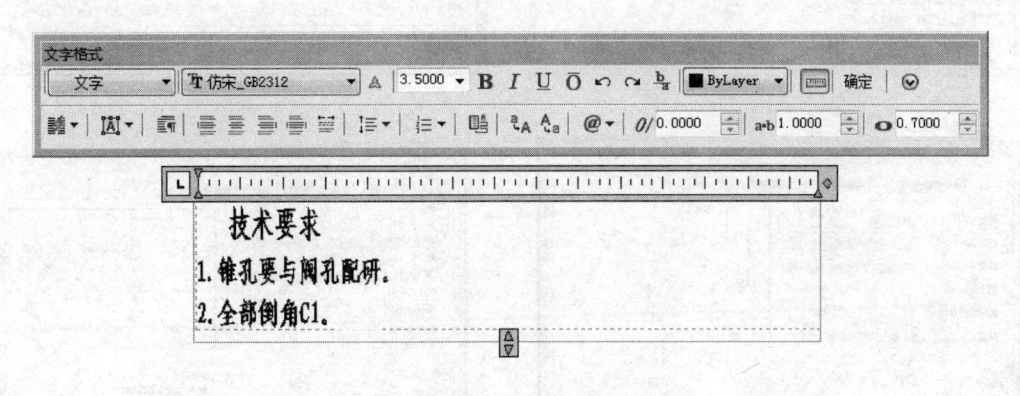

图 4-7 "mtext"命令多行文字标注

2. 尺寸样式设置和标注

例 4-2 完成图 4-8 所示的线性尺寸标注。

1) 设置尺寸标注样式名及标注属性(图 4-9)

(1) 单击"样式"工具栏中的 图标或选择"格式"下拉菜单中"标注样式",即 dimstyle 命令,弹出"标注样式管理器"对话框,如图 4-9(a)所示。

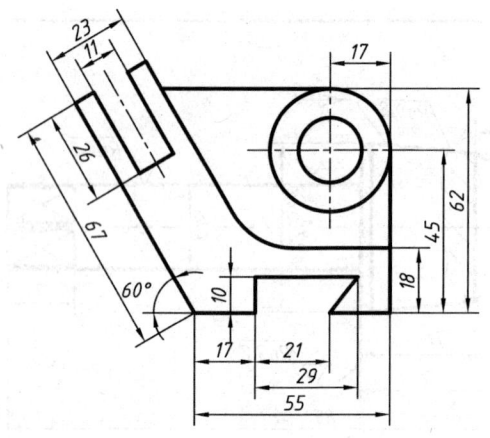

图 4-8 线性尺寸标注图例

(2) 单击"新建"按钮，弹出图 4-9(b)所示"创建新标注样式"对话框。输入新尺寸样式名称，单击"继续"按钮，即可创建新标注样式"线性尺寸"。

(3) 在弹出的"新建标注样式：线性尺寸"对话框中，设置标注样式中的尺寸界线、尺寸线、箭头以及文字等相关属性，如图 4-9(c)~(g)所示。

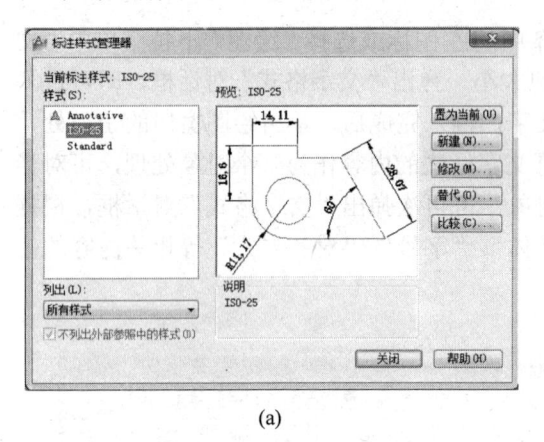

(a)

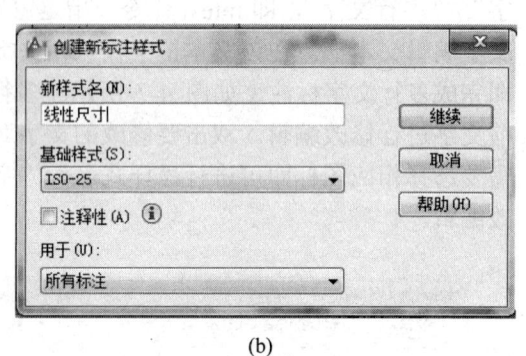

(b)

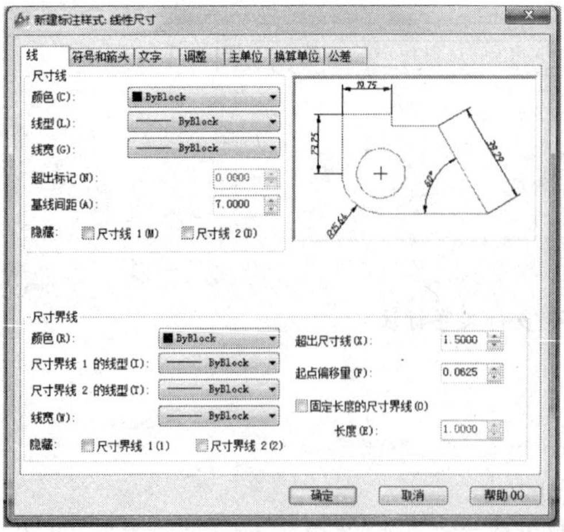

(c)

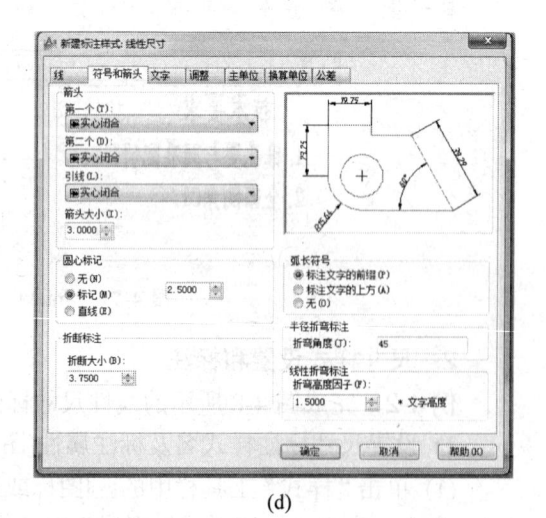

(d)

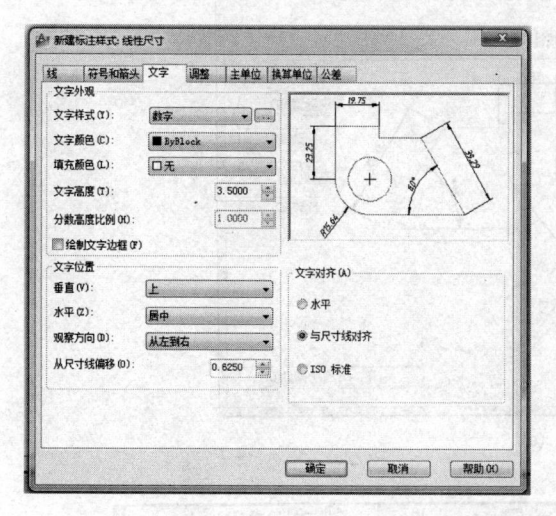

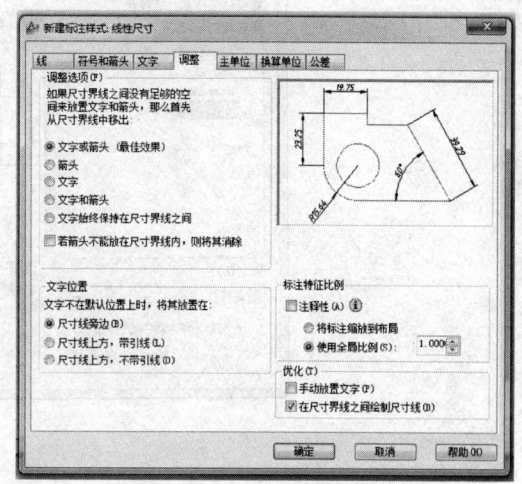

(e)   (f)

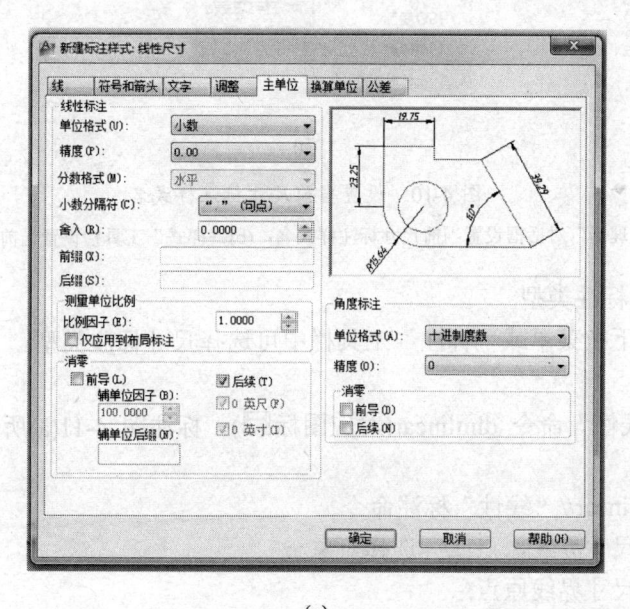

(g)

图 4-9 设置尺寸标注样式

(a)"标注样式管理器"对话框；(b)"创建新标注样式"对话框；
(c)"线性尺寸"样式中"线"标签页设置；(d)"线性尺寸"样式中"符号和箭头"标签页设置；
(e)"线性尺寸"样式中"文字"标签页设置；(f)"线性尺寸"样式中"调整"标签页设置；
(g)"线性尺寸"样式中"主单位"标签页设置。

2) 设置当前尺寸标注样式名

在"标注样式管理器"对话框中选中"线性尺寸"后单击"置为当前"按钮或在"样式"工具栏中设置当前尺寸样式名，如图 4-10 所示。

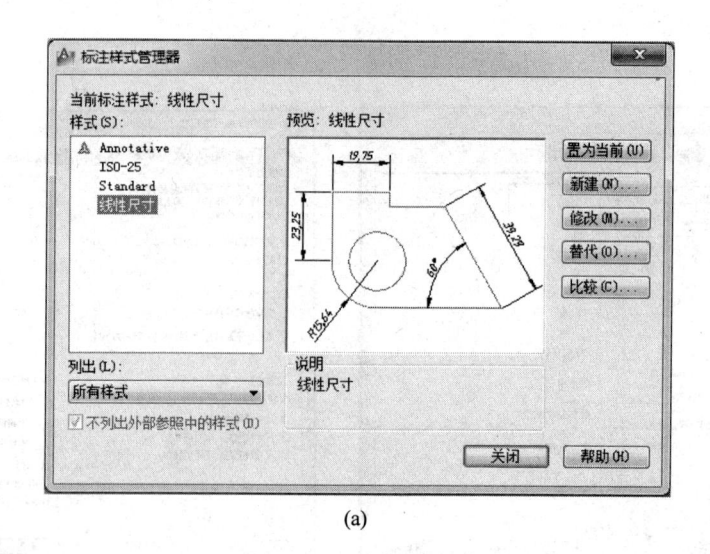

(a)

(b)

图 4-10 设置当前尺寸标注样式名

(a)"标注样式管理器"对话框设置当前尺寸标注样式名；(b)"样式"工具栏设置当前尺寸标注样式名。

3) 选择尺寸标注类型

在"标注"下拉菜单或"标注"工具栏中可选择尺寸标注类型。

4) 标注尺寸

(1) 使用"线性"命令 dimlinear(对应图标 ▭)，标注图 4-11(a)所示尺寸。操作步骤如下：

命令：_dimlinear//"线性"标注命令
指定第一个尺寸界线原点或 <选择对象>：
指定第二条尺寸界线原点：
指定尺寸线位置或
[多行文字(M)/文字(T)/角度(A)/水平(H)/垂直(V)/旋转(R)]：
标注文字 = 17
命令：_dimlinear
指定第一个尺寸界线原点或 <选择对象>：
指定第二条尺寸界线原点：
指定尺寸线位置或
[多行文字(M)/文字(T)/角度(A)/水平(H)/垂直(V)/旋转(R)]：
标注文字 = 10
命令：_dimlinear

指定第一个尺寸界线原点或 <选择对象>:

指定第二条尺寸界线原点:

指定尺寸线位置或

[多行文字(M)/文字(T)/角度(A)/水平(H)/垂直(V)/旋转(R)]:

标注文字 = 29

(2) 使用"线性"命令 dimlinear(对应图标🔲)和"基线"命令 dimbaseline(对应图标🔲)，标注图 4-11(b)所示尺寸。操作步骤如下：

命令：_dimlinear//"线性"标注命令

指定第一个尺寸界线原点或 <选择对象>://选择图示标注尺寸起点

指定第二条尺寸界线原点:

指定尺寸线位置或

[多行文字(M)/文字(T)/角度(A)/水平(H)/垂直(V)/旋转(R)]:

标注文字 = 18

命令：_dimbaseline//"基线"标注命令

指定第二条尺寸界线原点或 [放弃(U)/选择(S)] <选择>:

标注文字 = 45

指定第二条尺寸界线原点或 [放弃(U)/选择(S)] <选择>:

标注文字 = 62

选择基准标注：//回车 Enter

(3) 使用"线性"命令 dimlinear(对应图标🔲) 和"连续" 命令 dimcontinue(对应图标🔲)，标注图 4-11(c)所示尺寸。操作步骤如下：

命令：_dimlinear//"线性"标注命令

指定第一个尺寸界线原点或 <选择对象>://选择图示标注尺寸起点

指定第二条尺寸界线原点:

指定尺寸线位置或

[多行文字(M)/文字(T)/角度(A)/水平(H)/垂直(V)/旋转(R)]:

标注文字 = 17

命令：_dimcontinue//"连续"标注命令

指定第二条尺寸界线原点或 [放弃(U)/选择(S)] <选择>:

标注文字 = 21

指定第二条尺寸界线原点或 [放弃(U)/选择(S)] <选择>:

选择连续标注：//回车 Enter

命令：_dimlinear

指定第一个尺寸界线原点或 <选择对象>:

指定第二条尺寸界线原点:

[多行文字(M)/文字(T)/角度(A)/水平(H)/垂直(V)/旋转(R)]:

标注文字 = 29

命令：_dimlinear

指定第一个尺寸界线原点或 <选择对象>:

指定第二条尺寸界线原点：

[多行文字(M)/文字(T)/角度(A)/水平(H)/垂直(V)/旋转(R)]：

标注文字 = 55

(4) 使用"对齐"命令 dimaligned (对应图标▨)，标注图 4-11(d)所示尺寸。操作步骤如下：

命令：_dimaligned//"对齐"标注命令

指定第一个尺寸界线原点或 <选择对象>：

指定第二条尺寸界线原点：

指定尺寸线位置或

[多行文字(M)/文字(T)/角度(A)]：

标注文字 =11

命令：_dimaligned//"对齐"标注命令

指定第一个尺寸界线原点或 <选择对象>：

指定第二条尺寸界线原点：

指定尺寸线位置或

[多行文字(M)/文字(T)/角度(A)]：

标注文字 = 23

命令：_dimaligned//"对齐"标注命令

指定第一个尺寸界线原点或 <选择对象>：

指定第二条尺寸界线原点：

指定尺寸线位置或

[多行文字(M)/文字(T)/角度(A)]：

标注文字 = 26

命令：_dimbaseline//"基线"标注命令

指定第二条尺寸界线原点或 [放弃(U)/选择(S)] <选择>：

标注文字 = 67

指定第二条尺寸界线原点或 [放弃(U)/选择(S)] <选择>：

选择基准标注：// 回车 Enter

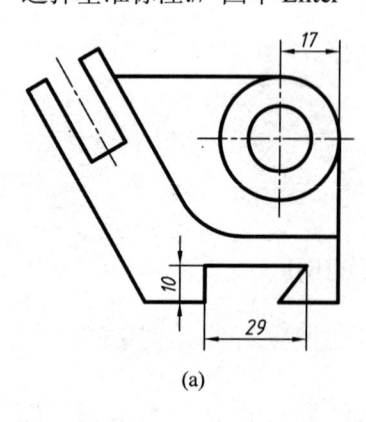

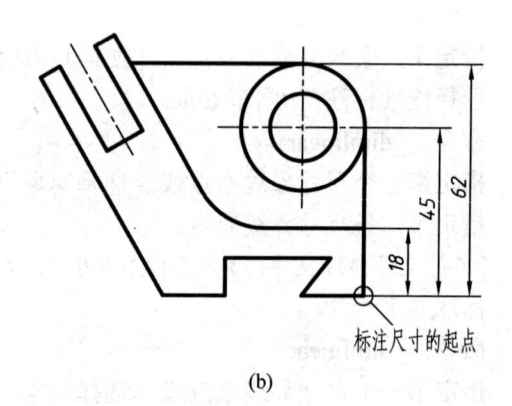

(a)　(b)

(c)   (d)

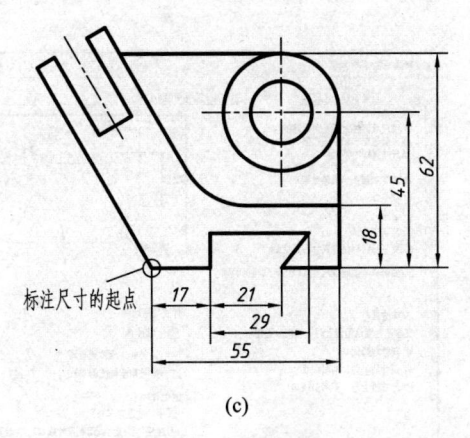

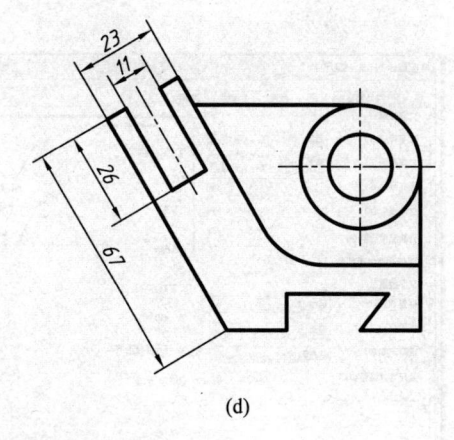

图 4-11 "线性尺寸"样式名标注尺寸

(a)"线性"命令标注尺寸；(b)"基线"命令标注尺寸；

(c)"连续"命令标注尺寸；(d)"对齐"命令标注尺寸。

例 4-3 完成图 4-12 所示的角度尺寸标注。

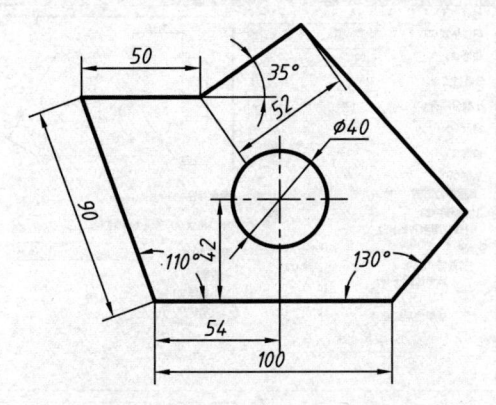

图 4-12 角度尺寸标注图例

(1) 设置角度尺寸标注样式名及标注属性，如图 4-13 所示。

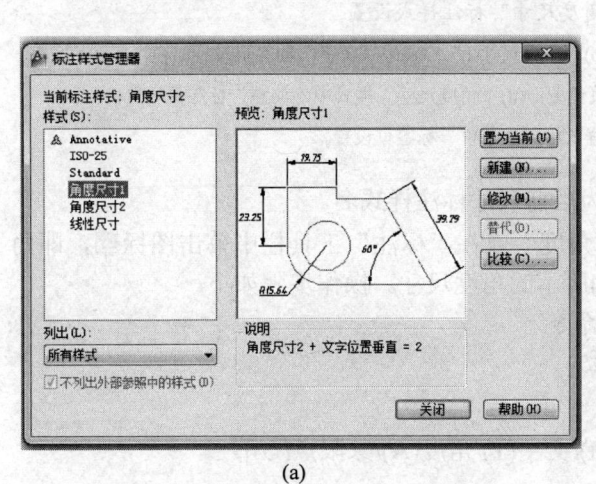

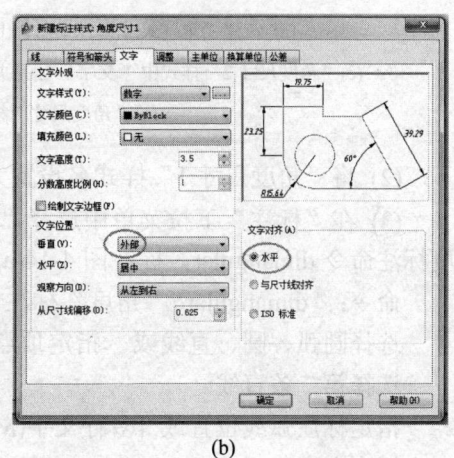

(a)   (b)

47

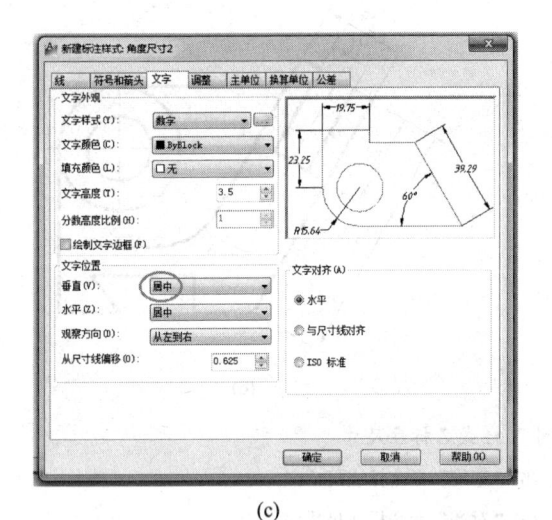

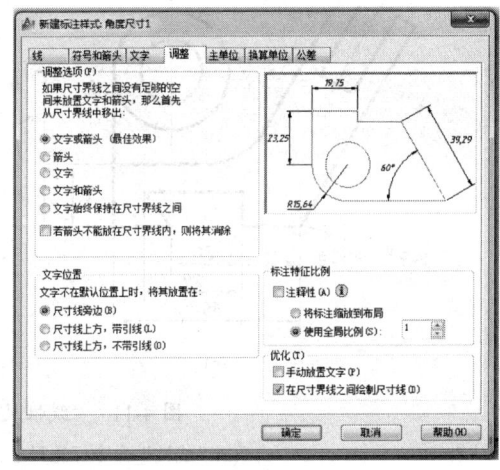

图 4-13 "角度尺寸"标注样式设置

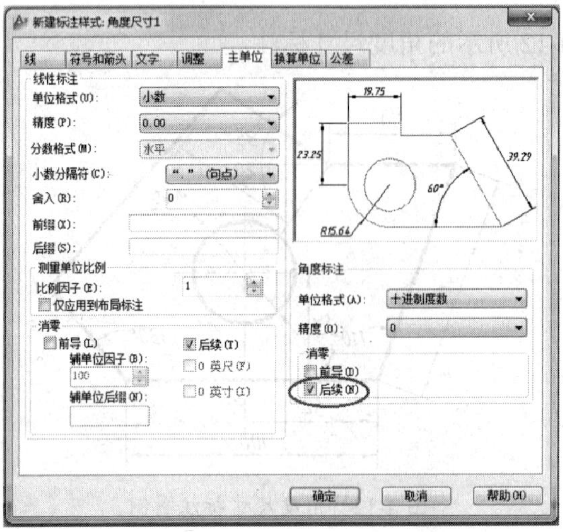

(a) 新建"角度尺寸"样式名；(b)"角度尺寸 1"样式中"文字"标签页设置；
(c)"角度尺寸 2"样式中"文字"标签页设置；(d)"角度尺寸"样式中"调整"标签页设置；
(e)"角度尺寸"样式中"主单位"标签页设置。

(2) 将"角度尺寸 1"样式名设置为当前尺寸标注样式名。

(3) 在"标注"下拉菜单中选择"角度"或在"标注"工具栏中单击图标，即角度标注命令 dimangular，标注图 4-14(a)所示的角度尺寸。操作步骤如下：

命令：_dimangular//"角度"标注命令

选择圆弧、圆、直线或 <指定顶点>：

选择第二条直线：

指定标注弧线位置或 [多行文字(M)/文字(T)/角度(A)/象限点(Q)]：

标注文字 = 35

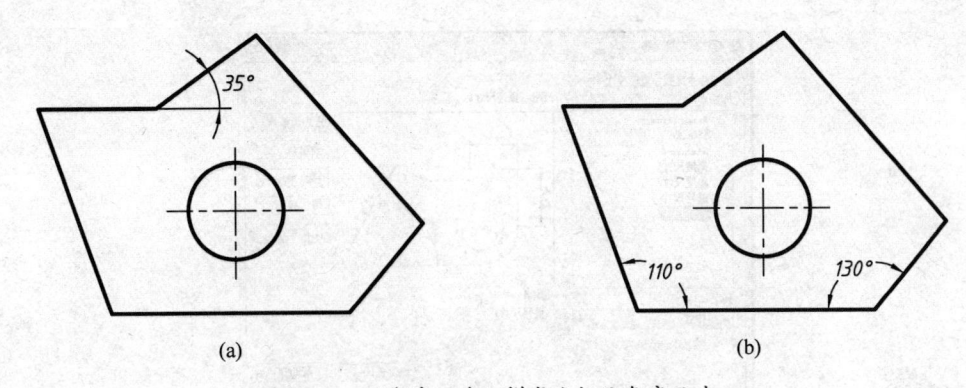

图 4-14 "角度尺寸"样式名标注角度尺寸

(a) "角度尺寸 1"样式标注角度尺寸；(b) "角度尺寸 2"样式标注角度尺寸。

(4) 将"角度尺寸 2"样式名设置为当前尺寸标注样式名，标注图 4-14(b)所示的角度尺寸。操作步骤如下：

命令：_dimangular//"角度"标注命令

选择圆弧、圆、直线或 <指定顶点>：

选择第二条直线：

指定标注弧线位置或 [多行文字(M)/文字(T)/角度(A)/象限点(Q)]：

标注文字 = 110

命令：_dimangular//"角度"标注命令

选择圆弧、圆、直线或 <指定顶点>：

选择第二条直线：

指定标注弧线位置或 [多行文字(M)/文字(T)/角度(A)/象限点(Q)]：

标注文字 = 135

例 4-4 完成图 4-15 所示的直径尺寸标注。

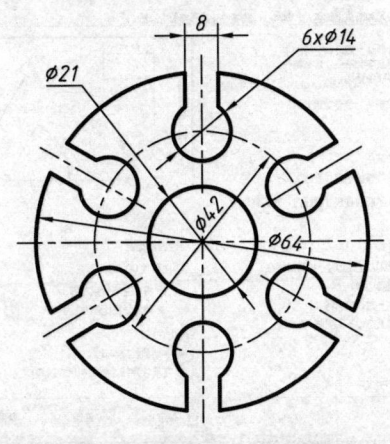

图 4-15 直径尺寸标注图例

(1) 设置直径尺寸标注样式名及标注属性，如图 4-16 所示。

(2) 将"直径尺寸"样式名设置为当前尺寸标注样式名。

(3) 在"标注"下拉菜单中选择"直径"或在"标注"工具栏中单击◎，即直径标注

49

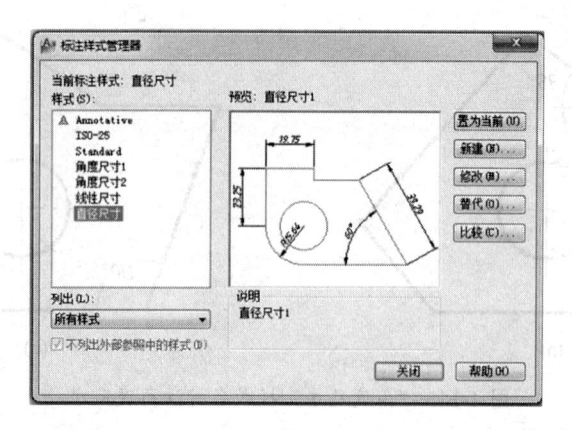

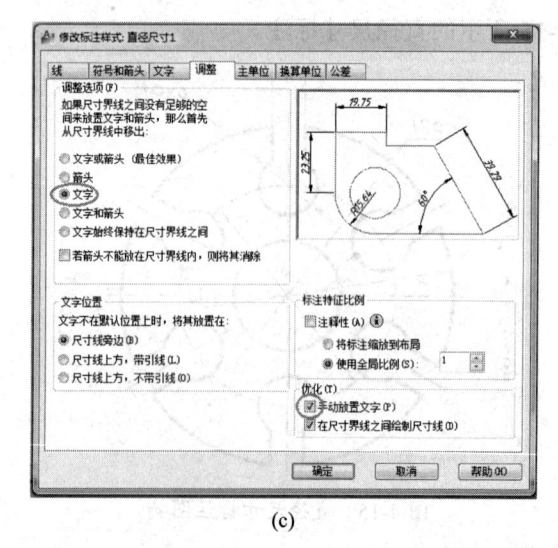

图 4-16 "直径尺寸"标注样式设置

(a) 新建"直径尺寸"样式名；(b) "直径尺寸"样式中"文字"标签页设置；
(c) "直径尺寸"样式中"调整"标签页设置。

命令 dimdiameter，标注图 4-15 所示的直径尺寸。操作步骤如下：
命令：_dimdiameter//"直径"标注命令
选择圆弧或圆：
标注文字 = 42
指定尺寸线位置或 [多行文字(M)/文字(T)/角度(A)]:
命令：_dimdiameter//"直径"标注命令
选择圆弧或圆：
标注文字 = 64
指定尺寸线位置或 [多行文字(M)/文字(T)/角度(A)]:
命令：_dimdiameter//"直径"标注命令
选择圆弧或圆：
标注文字 = 21
指定尺寸线位置或 [多行文字(M)/文字(T)/角度(A)]:
命令：_dimdiameter//"直径"标注命令
选择圆弧或圆：
标注文字 = 14
指定尺寸线位置或 [多行文字(M)/文字(T)/角度(A)]：T//选择(文字)选项
输入标注文字 <64>：6×%%c14//输入新的尺寸值
指定尺寸线位置或 [多行文字(M)/文字(T)/角度(A)]:

例 4-5 完成图 4-17 所示的半径尺寸标注。

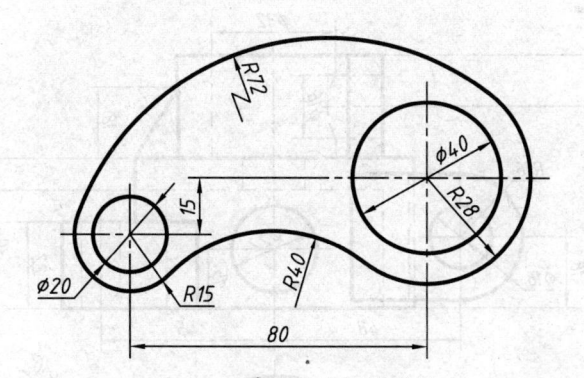

图 4-17 半径尺寸标注图例

(1) 将"直径尺寸"样式名设置为当前尺寸标注样式名，标注图 4-17 所示的半径尺寸。操作步骤如下：
命令：_dimradius//"半径"标注命令
选择圆弧或圆：
标注文字 = 28
指定尺寸线位置或 [多行文字(M)/文字(T)/角度(A)]:
命令：_dimradius//"半径"标注命令
选择圆弧或圆：

51

标注文字 = 40
指定尺寸线位置或 [多行文字(M)/文字(T)/角度(A)]:
命令：_explode 找到 1 个//"分解"命令，修改 R40 尺寸线
命令：_break 选择对象：//"打断" R40 尺寸线
指定第二个打断点 或 [第一点(F)]:
指定尺寸线位置或 [多行文字(M)/文字(T)/角度(A)]:
命令：_dimradius//"半径"标注命令
选择圆弧或圆:
标注文字 = 15
指定尺寸线位置或 [多行文字(M)/文字(T)/角度(A)]:

(2) 在"标注"下拉菜单中选择"折弯"或在"标注"工具栏中选择，即折弯半径标注命令 dimjogged，标注图 4-17 所示的折弯半径尺寸。操作步骤如下：
命令：_dimjogged//"折弯"标注命令
选择圆弧或圆:
指定图示中心位置:
标注文字 = 72
指定尺寸线位置或 [多行文字(M)/文字(T)/角度(A)]:
指定折弯位置://在屏幕上指定折弯位置

三、上机练习

1. 绘制图 4-18 所示图形，设置尺寸标注样式并标注尺寸。

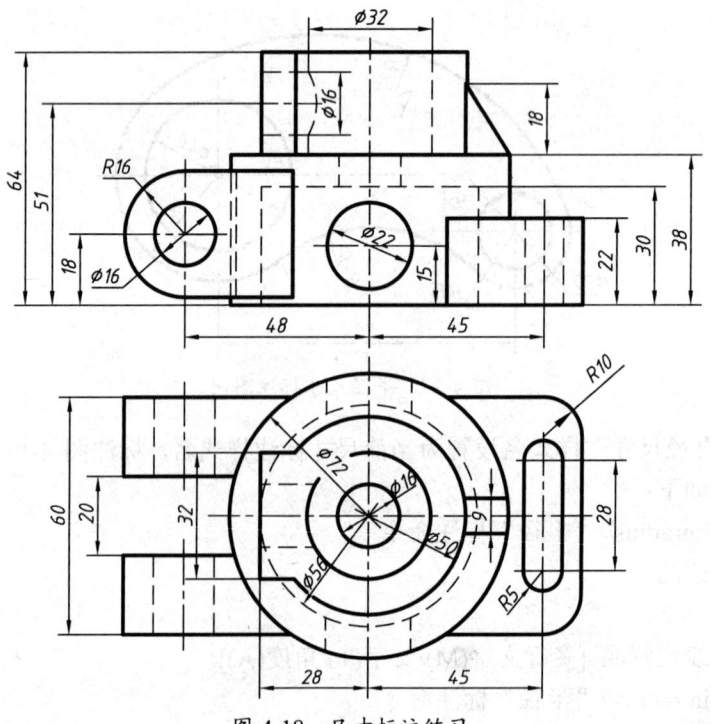

图 4-18 尺寸标注练习

2. 绘制图 4-19 所示图形，设置尺寸标注样式并标注尺寸。

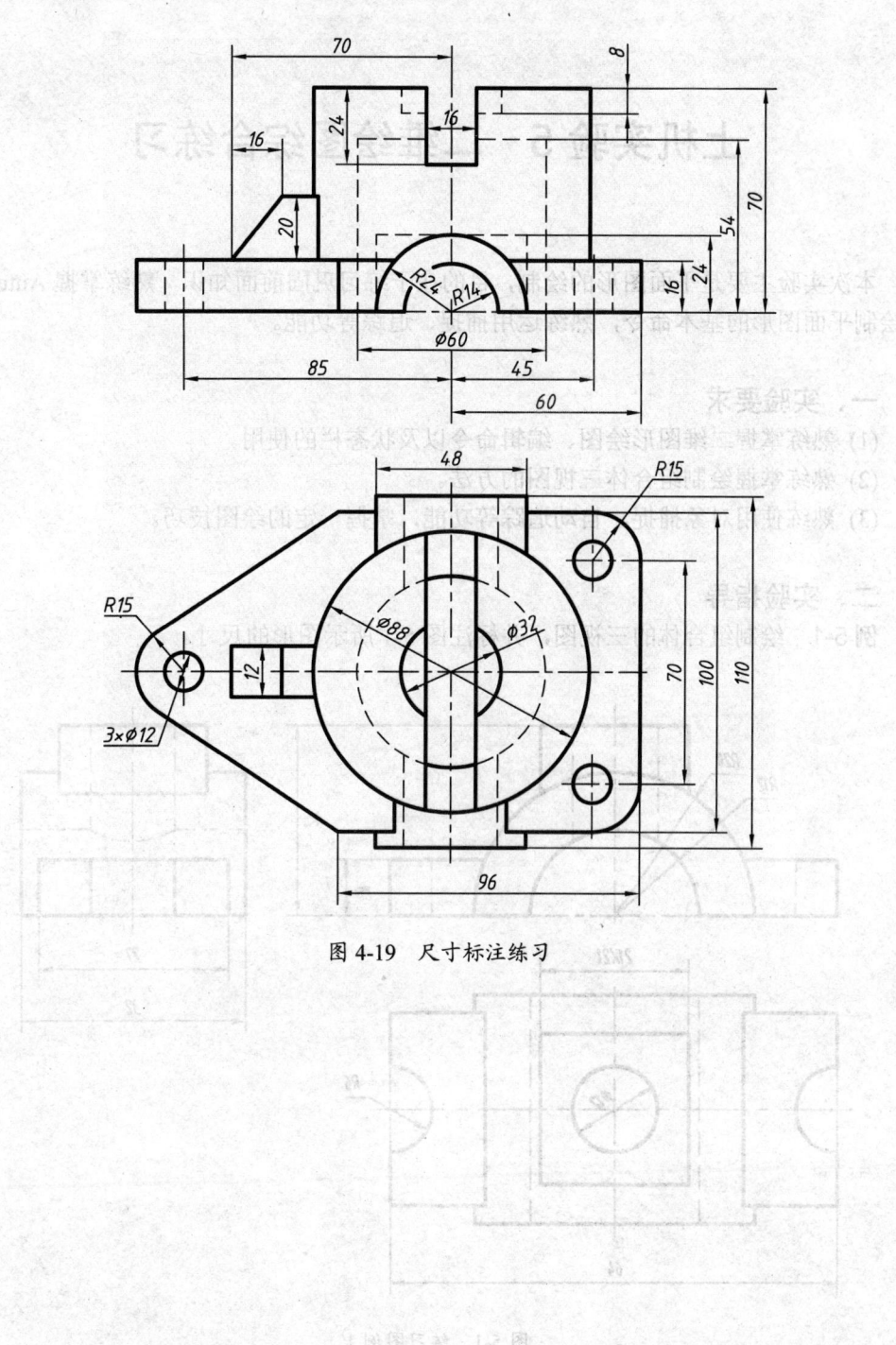

图 4-19 尺寸标注练习

上机实验 5　二维绘图综合练习

本次实验主要是平面图形的绘制，目的在于练习巩固前面知识，熟练掌握 AutoCAD 的绘制平面图形的基本命令，熟练运用捕捉、追踪等功能。

一、实验要求
(1) 熟练掌握二维图形绘图、编辑命令以及状态栏的使用。
(2) 熟练掌握绘制组合体三视图的方法。
(3) 熟练使用对象捕捉、自动追踪等功能，掌握一定的绘图技巧。

二、实验指导
例 5-1　绘制组合体的三视图，并标注图 5-1 所示图形的尺寸。

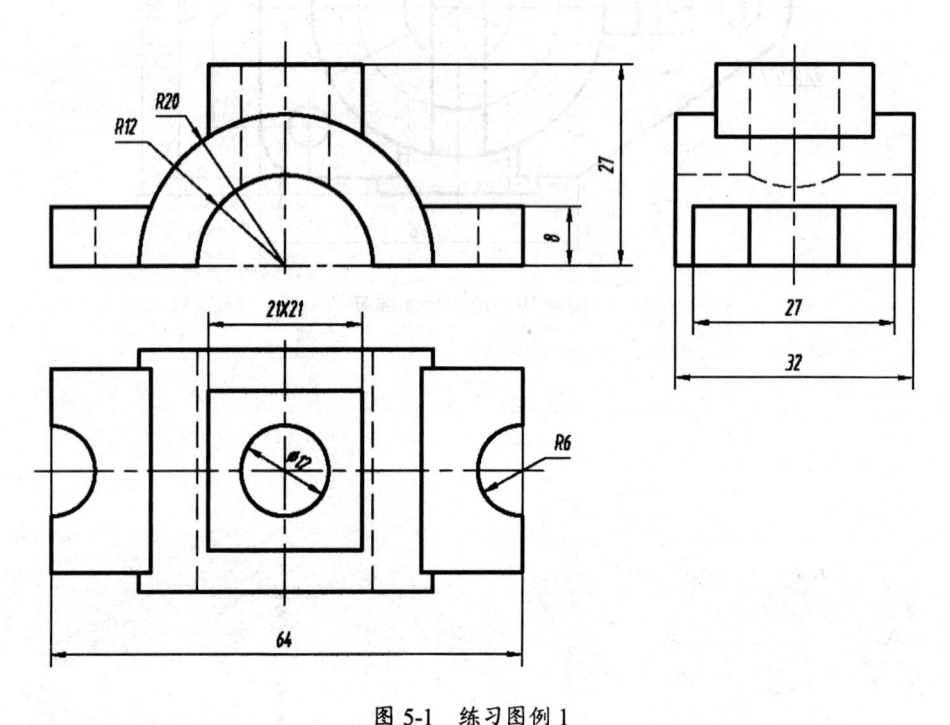

图 5-1　练习图例 1

绘图步骤：
(1) 创建新图，建立图层，如图 5-2 所示。

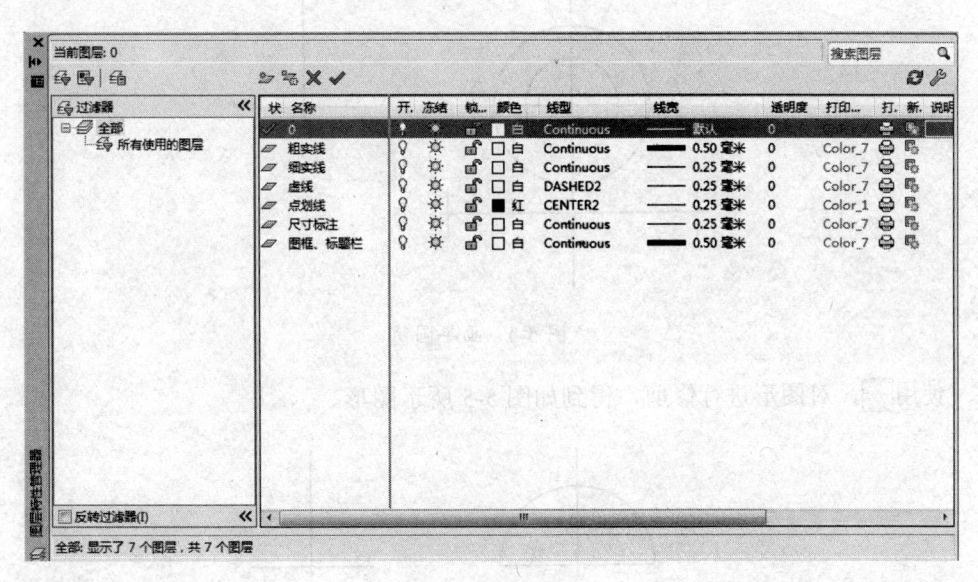

图 5-2　建立图层

(2) 将"0 层"设置为当前层，绘制所有图线。

开始画图线时，可以不区分线型，所有图线都可以在 0 层内完成。

(3) 绘制基准线，如图 5-3 所示。正交打开，画水平线、铅垂线。三个视图间要满足"三等原则"。

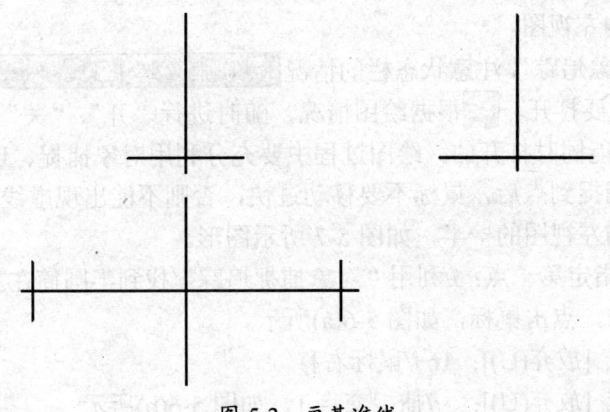

图 5-3　画基准线

(4) 绘制半圆筒的三个视图。

命令：_circle 指定圆的圆心或 [三点(3P)/两点(2P)/切点、切点、半径(T)]:指定圆的半径或 [直径(D)] <20.0000>：12

命令：_circle 指定圆的圆心或 [三点(3P)/两点(2P)/切点、切点、半径(T)]:指定圆的半径或 [直径(D)] <12.0000>：20//如图 5-4 所示

注意：找圆心时，要关闭"对象捕捉"中的"中点"；否则，就可能会捕捉到"中点"而不是"交点"。一般情况下，如果不特别设置的话，"中点"捕捉功能是关闭的。

55

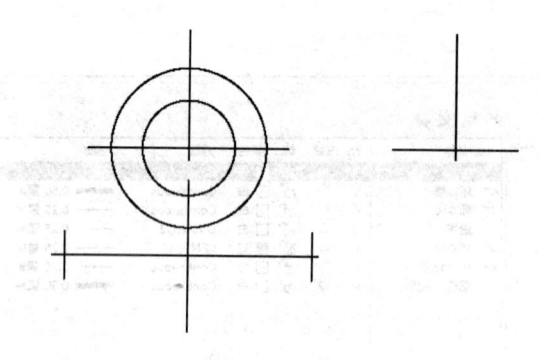

图 5-4　画半圆筒

使用 [/-]，对图形进行修剪，得到如图 5-5 所示图形。

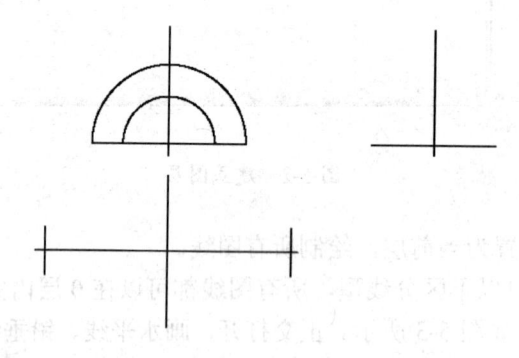

图 5-5　修剪

作出半圆筒的左视图。

充分利用"对象追踪"，注意状态栏的情况 [工具栏图标]，[图标]、[图标]、[图标]、[图标] 按钮要打开。[图标] 根据绘图情况，随时进行"开"、"关"的设置。需要注意的是 [图标] 和 [图标] 是不能同时打开的。绘图过程中要充分利用对象捕捉、追踪等功能。另外，操作时要注意：捕捉到点后，鼠标不要移动过快，否则不能出现虚线。

完成半圆筒的左视图的一半，如图 5-7 所示图形。

命令：_line 指定第一点：//利用"对象捕捉追踪"找到半圆筒在左视图中"高平齐"的对应点，即交点，点击鼠标，如图 5-6(a)所示。

指定下一点或 [放弃(U)]：16 //鼠标右移

指定下一点或 [放弃(U)]：//捕捉交点 1，如图 5-6(b)所示

指定下一点或 [闭合(C)/放弃(U)]://回车

命令：_line 指定第一点：//捕捉到交点 2，不点击鼠标，向右移动光标，如图 5-6(b)所示

指定下一点或 [放弃(U)]：//捕捉到交点 3，点击鼠标，如图 5-6(b)所示

指定下一点或 [放弃(U)]：//捕捉到交点 4，点击鼠标，如图 5-6(b)所示

指定下一点或 [放弃(U)]：//回车

利用"镜像"完成半圆筒的左视图，如图 5-8 所示图形。

命令：_mirror

选择对象：指定对角点：找到 3 个　　//选取需要镜像的图线
选择对象：
指定镜像线的第一点：指定镜像线的第二点：
要删除源对象吗？[是(Y)/否(N)] <N>:

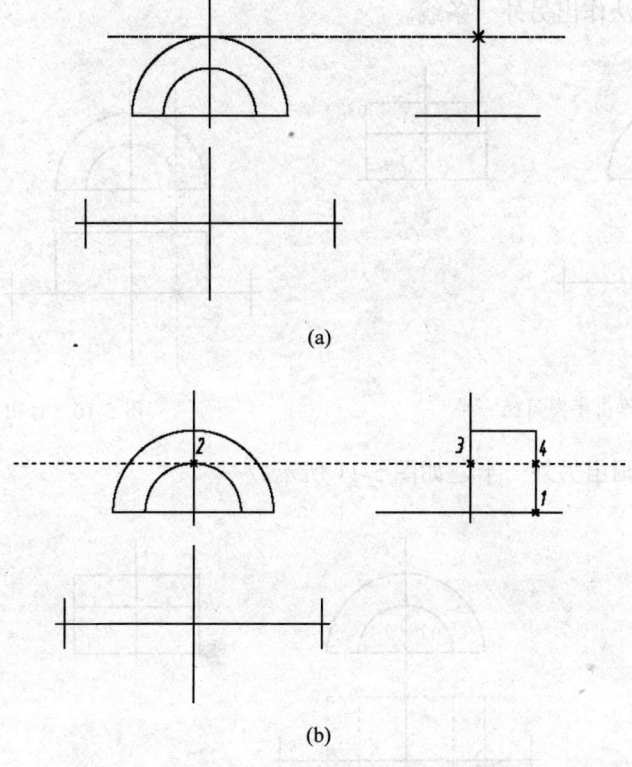

(a)

(b)

图 5-6　利用"对象捕捉追踪"找"高平齐"

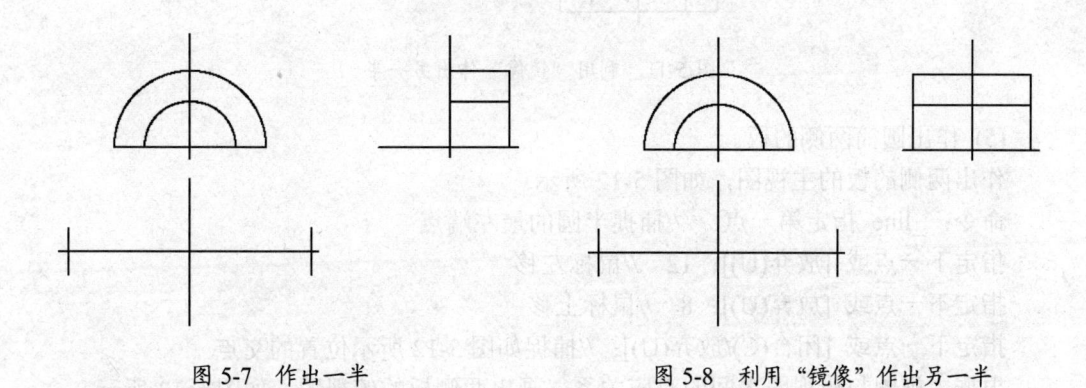

图 5-7　作出一半　　　　　　　　图 5-8　利用"镜像"作出另一半

画出半圆筒的俯视图，如图 5-9、图 5-10 所示图形。
命令:_line 指定第一点：　　//捕捉、单击图 5-9 所示位置的交点
指定下一点或 [放弃(U)]：16　　//鼠标上移
指定下一点或 [放弃(U)]：40　　//鼠标右移

57

指定下一点或 [闭合(C)/放弃(U)]：16   //鼠标下移
指定下一点或 [闭合(C)/放弃(U)]：
命令：_line 指定第一点：//捕捉、单击如图 5-10 所示位置的点
指定下一点或 [放弃(U)]：//捕捉位于对称线位置的交点
指定下一点或 [放弃(U)]：
利用同样方法作出另外一条线。

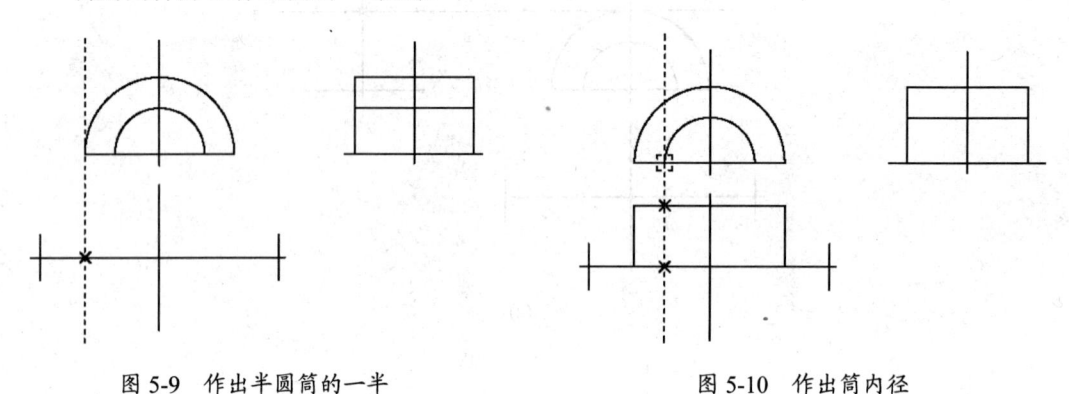

图 5-9 作出半圆筒的一半　　　　　图 5-10 作出筒内径

利用镜像，画出另外一半，如图 5-11 所示。

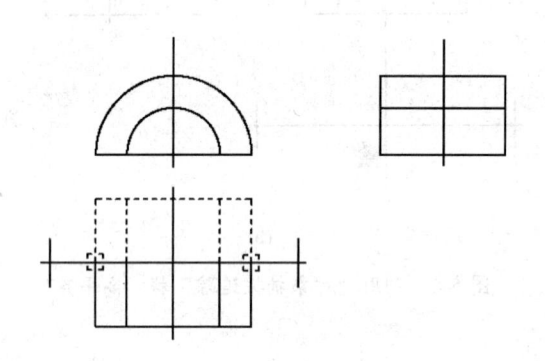

图 5-11 利用"镜像"作出另一半

(5) 作出圆筒两侧的板。
作出两侧的板的主视图，如图 5-12 所示。
命令：_line 指定第一点： //捕捉半圆的最左端点
指定下一点或 [放弃(U)]：12   //鼠标左移
指定下一点或 [放弃(U)]：8   //鼠标上移
指定下一点或 [闭合(C)/放弃(U)]：//捕捉如图 5-12 所示位置的交点
根据主视图与俯视图之间的对应关系，画出两侧板的俯视图，如图 5-13 所示。
命令：_line 指定第一点： //捕捉对称线上的交点，如图 5-13 所示
指定下一点或[放弃(U)]：13.5   //鼠标上移
指定下一点或[闭合(C)/放弃(U)]：//鼠标上移，捕捉到图示端点后慢慢向下移动，移至适当位置，即图 5-13 中两条虚线交点出现时，单击鼠标左键

58

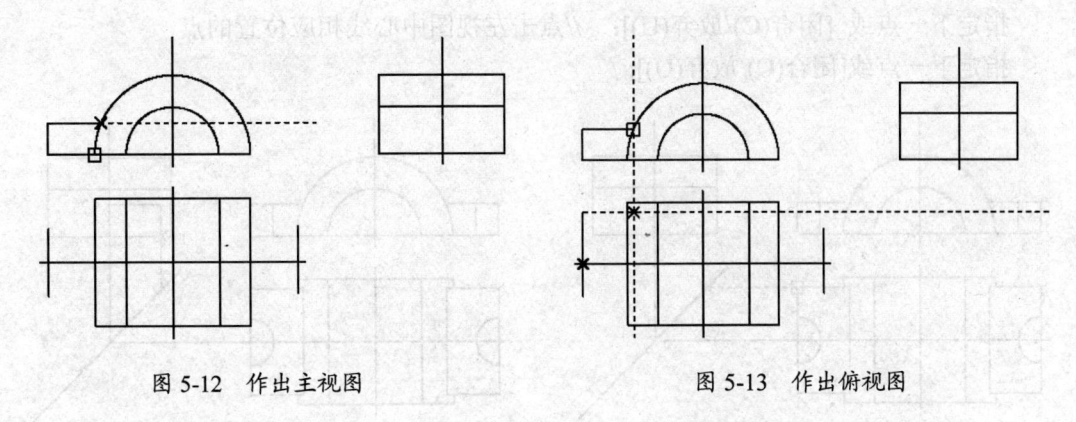

图 5-12 作出主视图　　　　　　　　　图 5-13 作出俯视图

画出其他图线，如半圆等，进行修剪、镜像，完成两侧板的俯视图，得到图 5-14 所示图形，具体绘图过程不再一一叙述，请根据以上绘图过程自行绘制。

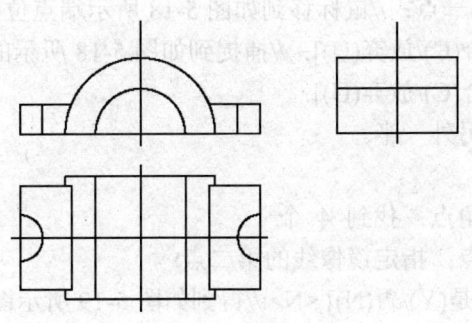

图 5-14 完成侧板的俯视图

作出两侧板的左视图。
为了演示如何在绘图过程中利用"宽相等"，作出 45°斜线，如图 5-15 所示。

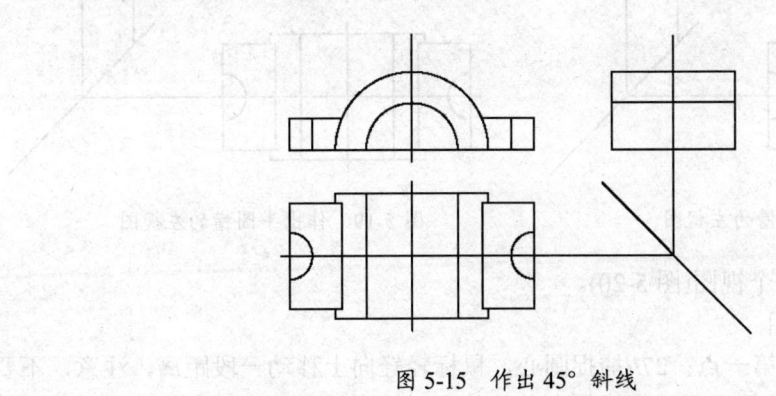

图 5-15 作出 45°斜线

命令：_line 指定第一点：//鼠标移到图 5-16 中所示端点，捕捉符号出现后，鼠标移至 45 度线上的适当的点(图 5-16 中所示交点)，单击左键
指定下一点或[闭合(C)/放弃(U)]：//点击左视图相应位置的点，如图 5-18 所示的交点
指定下一点或 [闭合(C)/放弃(U)]：7.5　//鼠标上移

59

指定下一点或 [闭合(C)/放弃(U)]：6   //鼠标右移
指定下一点或 [闭合(C)/放弃(U)]： //点击左视图中心线相应位置的点
指定下一点或[闭合(C)/放弃(U)]：

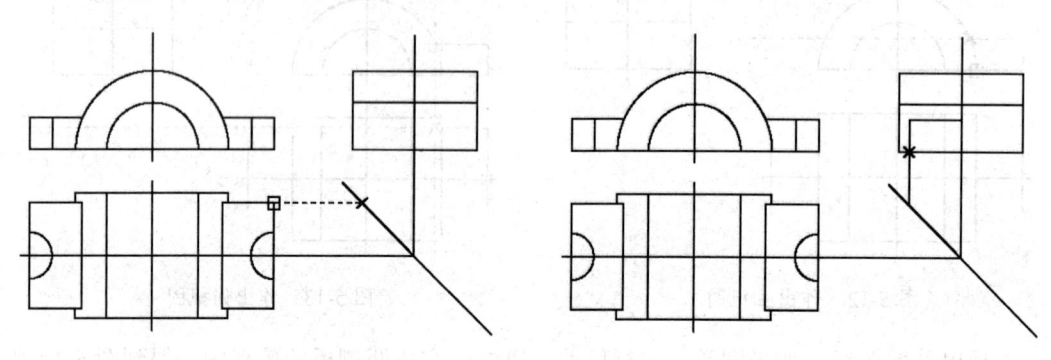

图 5-16 完成侧板的左视图　　　　　　图 5-17 完成侧板的左视图

命令：_line 指定第一点：//鼠标移到如图 5-18 所示端点位置
指定下一点或 [闭合(C)/放弃(U)]：//捕捉到如图 5-18 所示的交点，单击
指定下一点或 [闭合(C)/放弃(U)]：
使用镜像命令作出另外一半。
命令：_mirror
选择对象：指定对角点：找到 4 个
指定镜像线的第一点：指定镜像线的第二点：
要删除源对象吗？[是(Y)/否(N)] <N>://得到如图 5-19 所示图形

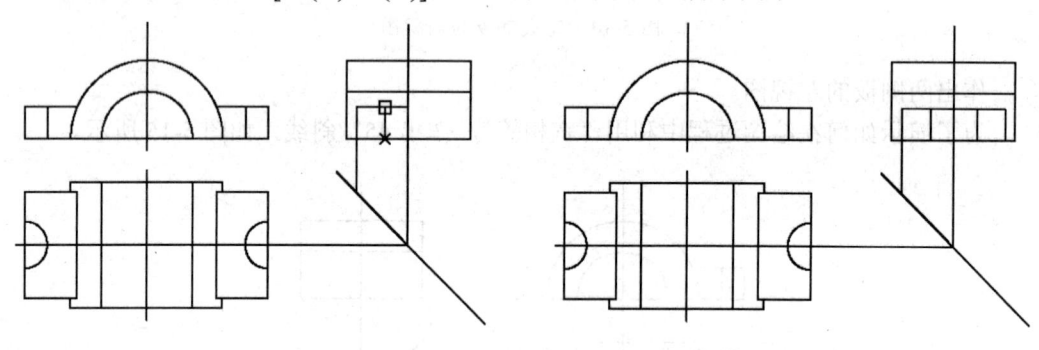

图 5-18 作出半圆槽的左视图　　　　　图 5-19 作出半圆槽的左视图

(6) 绘制方台的三个视图(图 5-20)。
绘制方台的主视图
命令：_line 指定第一点：27//捕捉圆心，鼠标轻轻向上移动一段距离，注意，不要移动太大距离，移动过程中不能再捕捉到其他的点，键盘输入 27，回车，如图 5-20(a)所示
指定下一点或 [放弃(U)]：6   //鼠标右移
指定下一点或 [放弃(U)]：4.5   //鼠标右移
指定下一点或 [闭合(C)/放弃(U)]：//鼠标下移，捕捉交点，如图 5-20(a)所示

60

指定下一点或 [闭合(C)/放弃(U)]:
应用同样方法,画出孔的轮廓线。再利用镜像画出另外一半,如图 5-20(b)所示

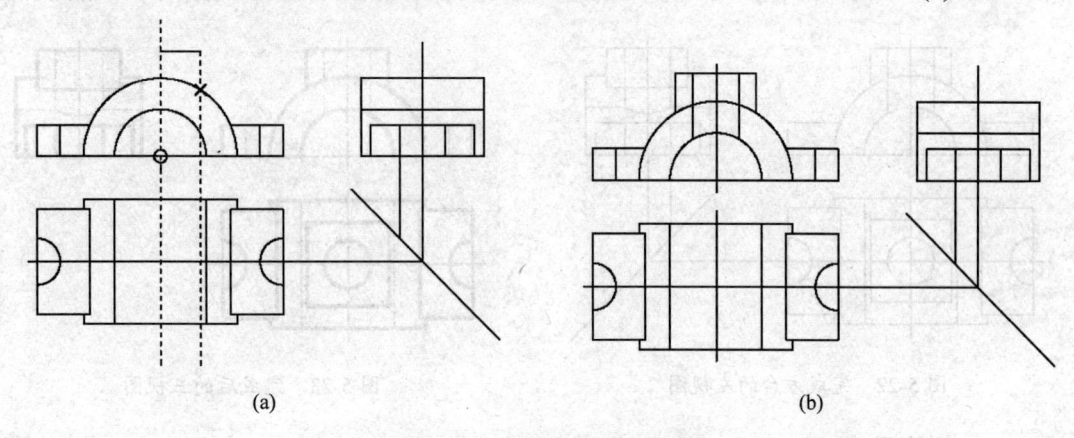

(a)　　　　　　　　　　　　　　(b)

图 5-20　完成方台的主视图

绘制方台的俯视图,如图 5-21 所示。
命令:_line 指定第一点: //捕捉如图 5-21(a)中所示端点, 向下移动鼠标至图中所示交点位置,点击
　　指定下一点或 [放弃(U)]: 10.5　//鼠标上移
　　指定下一点或 [放弃(U)]: 21　// 鼠标右移
　　指定下一点或 [闭合(C)/放弃(U)]: 10.5　// 鼠标下移
　　指定下一点或 [闭合(C)/放弃(U)]:
命令:_circle 指定圆的圆心或 [三点(3P)/两点(2P)/切点、切点、半径(T)]:
指定圆的半径或 [直径(D)] <6.0000>: 6
利用镜像复制方台的另外一半,如图 5-21(b)所示。
命令:_mirror
选择对象:指定对角点:找到 2 个
选择对象:找到 1 个,总计 3 个
指定镜像线的第一点: 指定镜像线的第二点:
要删除源对象吗?[是(Y)/否(N)] <N>:

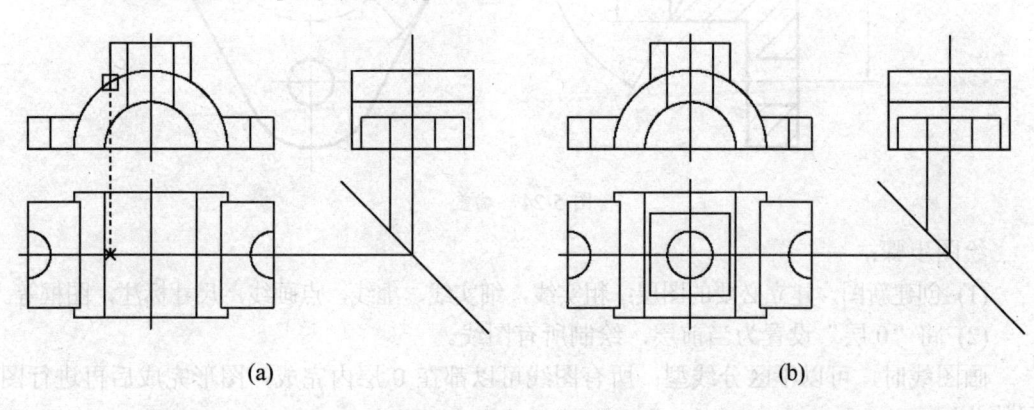

(a)　　　　　　　　　　　　　　(b)

图 5-21　完成方台的俯视图

61

绘制方台的左视图，如图 5-22 所示，具体绘图方法参照前面画法。

(7) 整理图形，删除多余的图线，然后将图线分配到适当的图层，如图 5-23 所示。

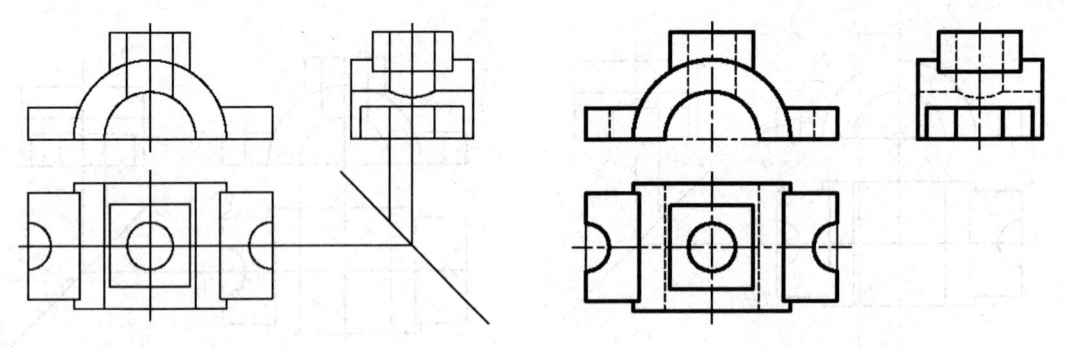

图 5-22　完成方台的左视图

图 5-23　完成后的三视图

(8) 标注尺寸。

将尺寸线所在的图层设置为当前图层后再进行尺寸标注，如图 5-1 所示。

注意，45°斜线不是必须画的，具体的绘制图线的方法也是多种多样的。在实验过程中，应该根据自己的绘图习惯，参考上述步骤进行绘图，而不必拘泥于以上绘图过程。在绘图过程中，要注意"状态栏"按钮的开、关情况。尤其是利用捕捉功能时，鼠标不要移动过快、过急，捕捉到目标点后，在移动过程中要避免再捕捉到其他的点。

例 5-2　绘制盘盖类零件，如图 5-24 所示。

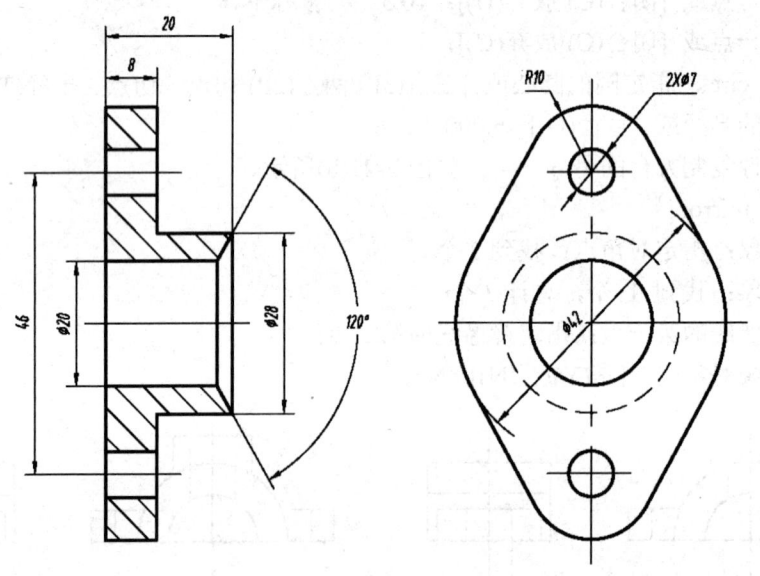

图 5-24　端盖

绘图步骤：

(1) 创建新图，建立必要的图层：粗实线，细实线，虚线，点画线，尺寸标注，图框等。

(2) 将"0 层"设置为当前层，绘制所有图线。

画图线时，可以不区分线型；所有图线可以都在 0 层内完成，图形完成后再进行图层的分配。

(3) 画出两个视图，注意要两个视图同时画。

画出基准线，如图 5-25 所示。

依次进行下列操作，画出如图 5-26 所示图形。

命令：_line 指定第一点： //捕捉交点，点击，注意鼠标的位置，正交开 >

指定下一点或 [放弃(U)]：10 //鼠标上移

指定下一点或 [放弃(U)]：23 //鼠标上移

指定下一点或 [闭合(C)/放弃(U)]：10 //鼠标右移

指定下一点或 [闭合(C)/放弃(U)]：19 //鼠标下移

指定下一点或 [闭合(C)/放弃(U)]：12 //鼠标右移

指定下一点或 [闭合(C)/放弃(U)]：14 //鼠标下移

指定下一点或 [闭合(C)/放弃(U)]：

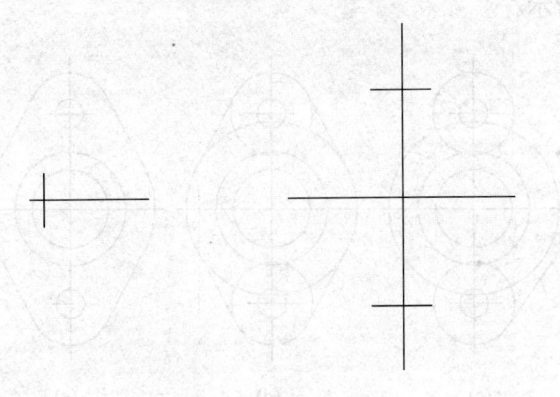

图 5-25 画出基准线   图 5-26 画轮廓线

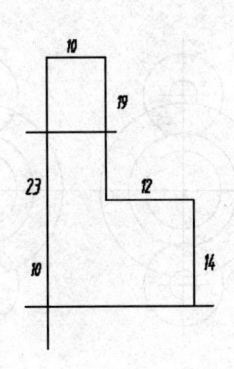

完成孔的绘制，如图 5-27(a)所示。然后，进行镜像，如图 5-27(b)所示。具体绘图过程参照以前练习内容自行完成。

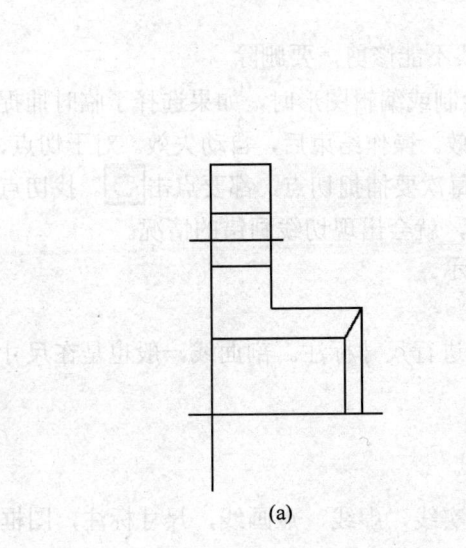

图 5-27 完成主视图

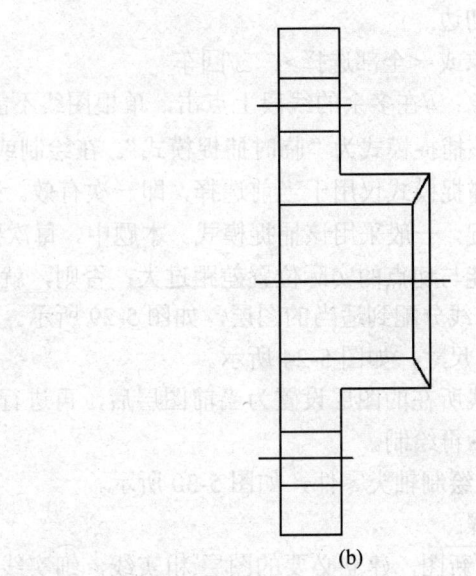

(4) 绘制左视图。

首先，画出如图 5-28(a)所示的几个圆。

调出"对象捕捉"工具条，放到合适位置。

本题的关键是绘制切线，进行如下操作：

命令：_line 指定第一点：_tan 到　　//先点击"对象捕捉工具条"中的 ⊙，再在圆周上适当位置单击鼠标，如图 5-28(b)所示切点位置

指定下一点或 [放弃(U)]：_tan 到　　//如图 5-28(c)所示

指定下一点或 [放弃(U)]：　　// 回车

用同样方法绘制其余三条切线，如图 5-28(d)所示。

对图形进行修剪，如图 5-28(e)所示。

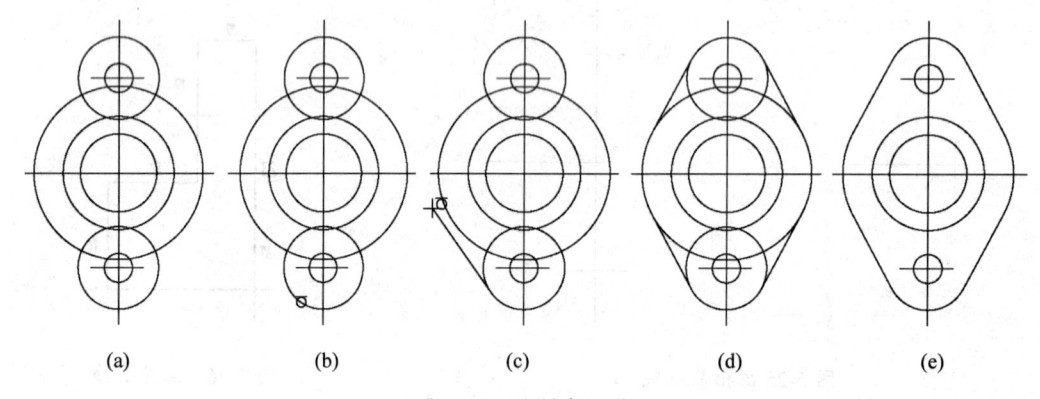

图 5-28　绘制左视图

命令：_trim

选择剪切边...

选择对象或 <全部选择>：//回车

选择对象：//在多余的线段上点击，单根图线不能修剪，要删除

注意：该捕捉模式为"临时捕捉模式"。在绘制或编辑图形时，如果选择了临时捕捉模式，则该捕捉模式仅用于当前选择，即一次有效。操作结束后，自动失效。对于切点、中点等的捕捉，一般采用该捕捉模式。本题中，每次要捕捉切点，都要点击 ⊙。找切点的位置，不能与切点的实际位置差距过大；否则，就会出现切线画错的情况。

(5) 将图线分配到适当的图层，如图 5-29 所示。

(6) 标注尺寸，如图 5-24 所示。

将尺寸线所在的图层设置为当前图层后，再进行尺寸标注。剖面线一般也是在尺寸标注完成之后再绘制。

例 5-3　绘制轴类零件，如图 5-30 所示。

绘图步骤：

(1) 创建新图，建立必要的图层:粗实线，细实线，虚线，点画线，尺寸标注，图框等。

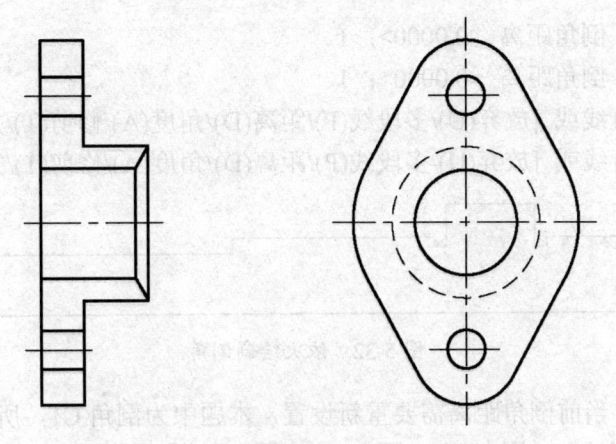

图 5-29 将图线分配到适当的图层

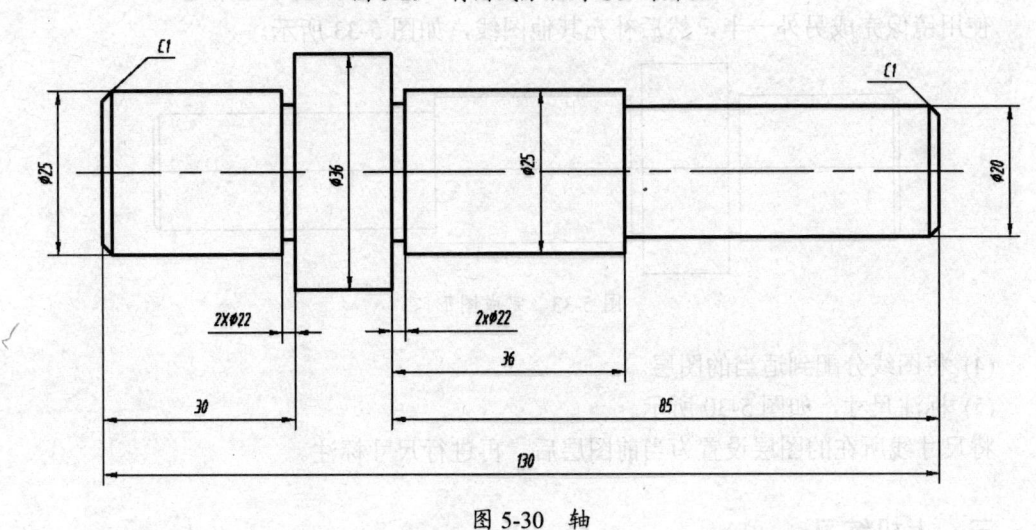

图 5-30 轴

(2) 将"0 层"设置为当前层，绘制所有图线。

画图线时，可以不区分线型；所有图线可以都在 0 层内完成，图形完成后再进行图层的分配。

(3) 画出轴的视图。

画出轴线，依次绘制各线段，如图 5-31 所示。具体绘图过程可以参照图 5-26 的方法。

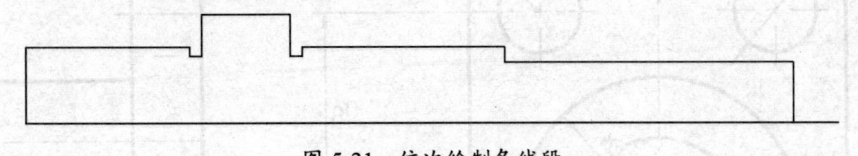

图 5-31 依次绘制各线段

作出轴两端的倒角 C1：点击 ⬜，如图 5-32 所示。

命令：_chamfer

("修剪"模式) 当前倒角距离 1 = 0.0000，距离 2 =0.0000

选择第一条直线或 [放弃(U)/多段线(P)/距离(D)/角度(A)/修剪(T)/方式(E)/多个(M)]：d

65

指定 第一个 倒角距离 <0.0000>：1
指定 第二个 倒角距离 <0.0000>：1
选择第一条直线或 [放弃(U)/多段线(P)/距离(D)/角度(A)/修剪(T)/方式(E)/多个(M)]:
选择第一条直线或 [放弃(U)/多段线(P)/距离(D)/角度(A)/修剪(T)/方式(E)/多个(M)]:

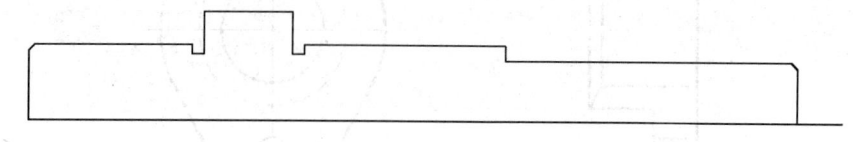

图 5-32　依次绘制倒角

一般情况下，当前倒角距离需要重新设置，本题中为倒角 C1，所以，距离 1 = 1，距离 2 = 1。键盘输入 d，回车；1，回车；1，回车；再选择两个直角边。

使用镜像完成另外一半，然后补充其他图线，如图 5-33 所示。

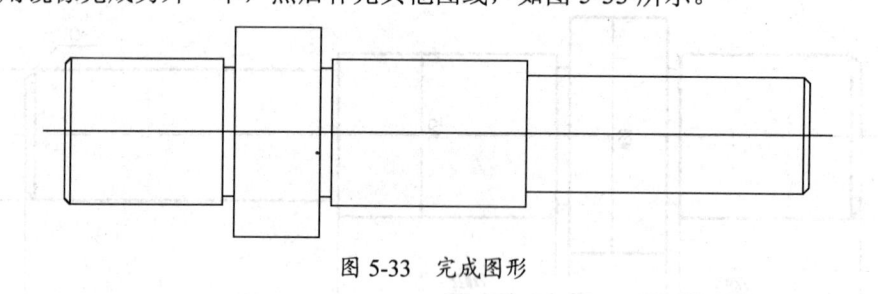

图 5-33　完成图形

(4) 将图线分配到适当的图层。
(5) 标注尺寸，如图 5-30 所示。
将尺寸线所在的图层设置为当前图层后，再进行尺寸标注。

三、上机练习

1. 看懂图 5-34 所示组合体的两视图，根据所给尺寸按 1∶1 的比例抄画图形，并补画出俯视图，标注尺寸。

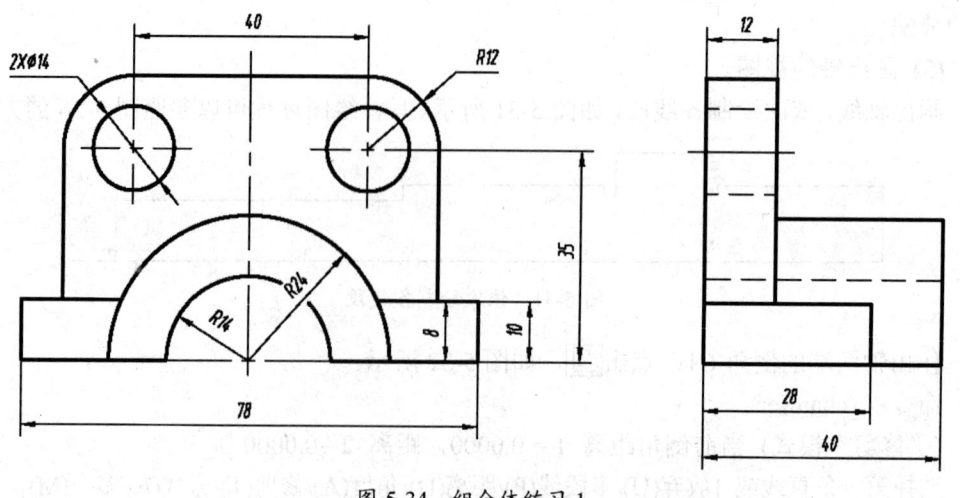

图 5-34　组合体练习 1

2. 看懂图 5-35 所示组合体的两视图，根据所给尺寸按 1∶1 的比例抄画下面图形，并补画出左视图，标注尺寸。

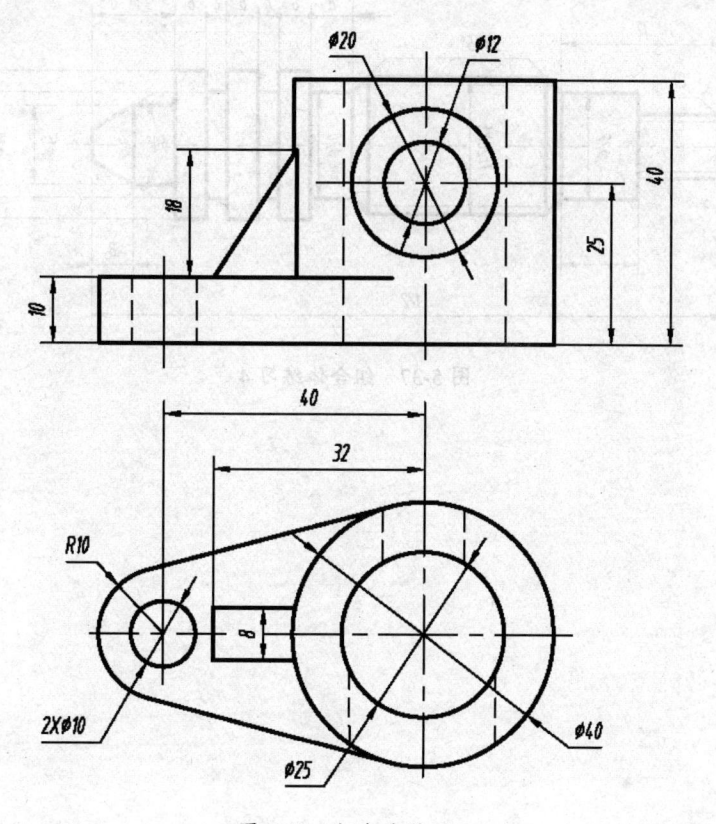

图 5-35 组合体练习 2

3. 看懂图 5-36 所示零件的结构，根据所给尺寸按 1∶1 的比例抄画下面图形，并标注尺寸(未注倒角 C1)。

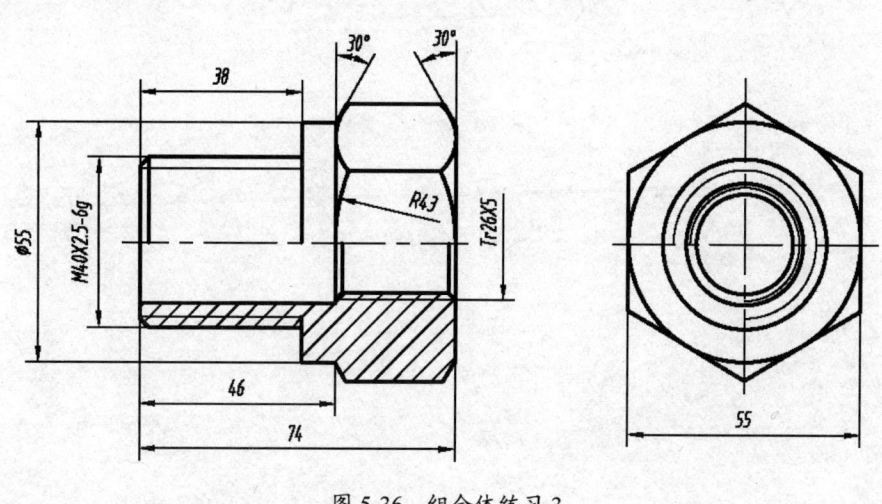

图 5-36 组合体练习 3

4．根据所给尺寸按 1∶1 的比例抄画图 5-37 所示轴类零件图，并标注尺寸。

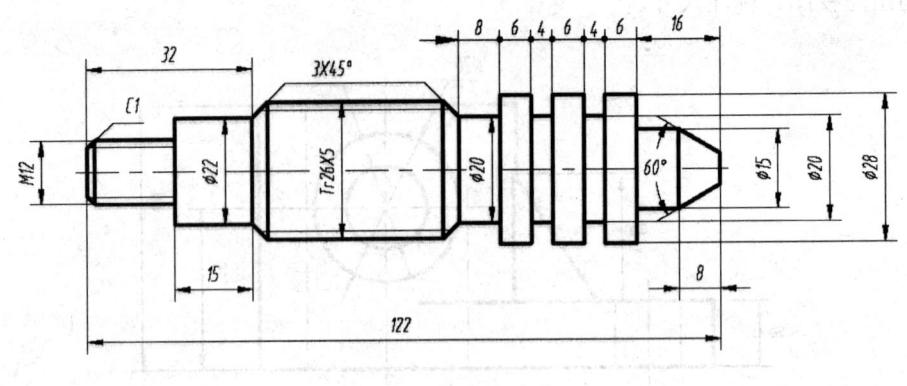

图 5-37　组合体练习 4

上机实验6 绘制二维工程图

本次实验主要学习零件图的绘制过程和如何由零件图拼画装配图。包括如何运用 AutoCAD 中的"块"、"属性"等功能绘制样板图，机械图的绘制过程和零件图中技术要求的标注，以及利用多文档之间的复制与粘贴图形的功能由零件图拼画装配图等内容。

一、实验要求
(1) 掌握绘制样板图的方法。
(2) 掌握绘制零件图的方法。
(3) 掌握块创建和属性定义及属性编辑的使用。
(4) 掌握拼画装配图的方法。

二、实验指导
1. 绘制样板图
例 6-1 绘制图 6-1 所示的 A3 样板图。

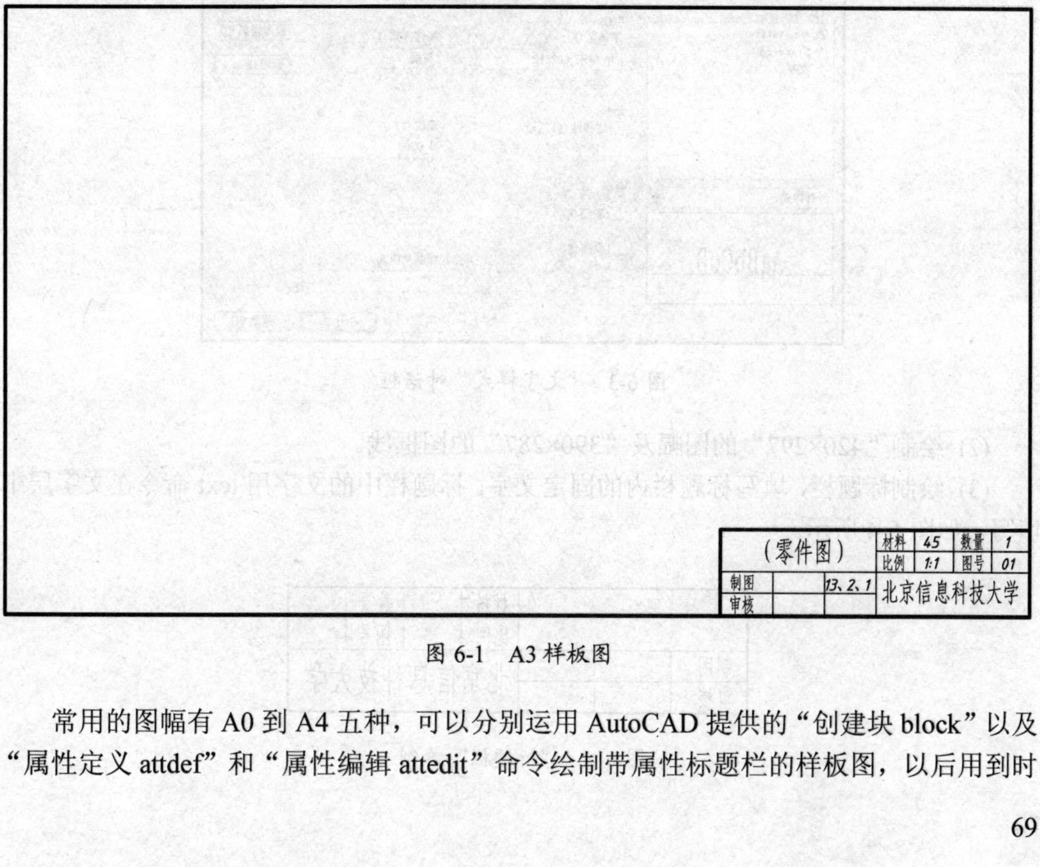

图 6-1 A3 样板图

常用的图幅有 A0 到 A4 五种，可以分别运用 AutoCAD 提供的"创建块 block"以及"属性定义 attdef"和"属性编辑 attedit"命令绘制带属性标题栏的样板图，以后用到时直接调用相应图幅的样板图即可。

下面以 A3 图幅的样板图为例，介绍具体的绘制过程和标题栏属性定义。

(1) 设置绘图环境。

① 绘图区背景色、十字光标大小、特殊点捕捉等基本设置。

② 设置图层，如图 6-2 所示。

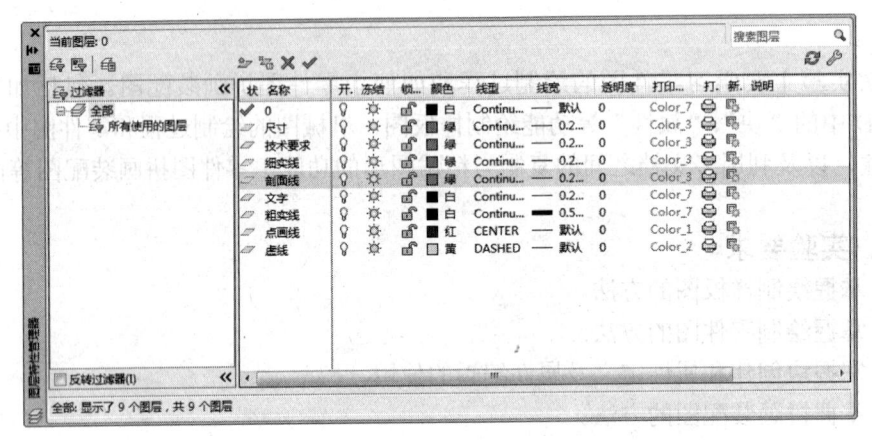

图 6-2 零件图"图层"设置

③ 文字样式的设置，如图 6-3 所示。

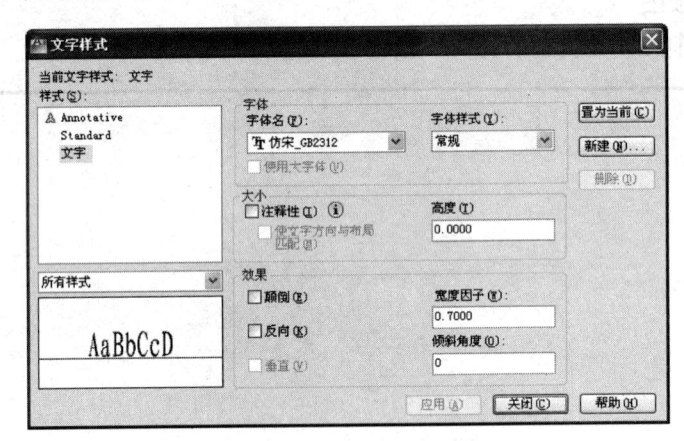

图 6-3 "文字样式"对话框

(2) 绘制"420×297"的图幅及"390×287"的图框线。

(3) 绘制标题栏，填写标题栏内的固定文字。标题栏中的文字用 text 命令在文字层中填写，如图 6-4 所示。

图 6-4 "标题栏"绘制

(4) 用"属性定义"命令 attdef 定义标题栏内变动文字的属性。将"文字层"设为当前层，在命令行输入命令 attdef，弹出图 6-5(a)所示"属性定义"对话框。在对话框中设置"标记"、"提示"、"文字样式"、"对齐方式"等内容，如图 6-5(b)~(f)所示。单击"确定"按钮，回到绘图界面。在绘图界面内指定"图名"的插入位置，如图 6-5(g)所示。依此定义标题栏内的"日期"、"材料"、"件数"、"比例"、"图号"等，完成标题栏内变动文字属性的定义，如图 6-5(h)所示。

(a)

(b)

(c)

(d)

(e)

(f)

71

(g)   (h)

图 6-5   ATTDEF 命令定义标题栏内变动文字的属性

(a)~(f) 块的属性定义；(g) 指定块"图名"插入位置；(h) 标题栏中需定义属性的变动文字。

(5) 用"创建块"命令 block 将标题栏及标题栏内的文字定义为带属性的块。

① 将 0 层设为当前层，单击"修改"工具栏中的 ![] 图标，即"创建块"命令 block，弹出图 6-6(a)所示对话框。

② 单击对话框中"拾取点" ![] 按钮，在绘图界面中指点"拾取点"，即"标题栏"块插入时的基准点，如图 6-6(b)所示。

③ 单击对话框中"选择对象" ![] 按钮，回到绘图界面选择"标题栏"块所包含的图形对象，如图 6-6(c)所示。

④ 对象选择后回车，回到图 6-6(d)所示"块定义"对话框，单击"确定"按钮，完成"标题栏"块的定义。

⑤ "标题栏"块定义确定后，弹出图 6-6(e)所示"编辑属性"对话框。可编辑修改标题栏内的变动内容。

⑥ 完成创建带属性的"标题栏"块，如图 6-6(f)所示。

(a)

(b)

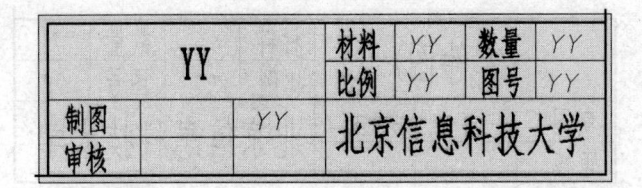

(c)

(d)

(e)

73

(f)

图 6-6 创建带属性的"标题栏"块

(a) 创建"标题栏"块；(b) 指定"标题栏"块的拾取点；(c) 选择"标题栏"块的对象；
(d) 完成"标题栏"块定义；(e) "编辑属性"对话框；(f) 编辑属性后的"标题栏"块。

(6) 将文件保存为"A3.dwt"的样板图。

根据国际标准的规定，绘制不同尺寸的图幅及图框，分别保存为 A0、A1 等不同文件名的各种图幅的样板图。

2. 绘制零件图

例 6-2 以图 6-7 所示的阀体零件图的绘制为例，介绍零件图的绘制过程。

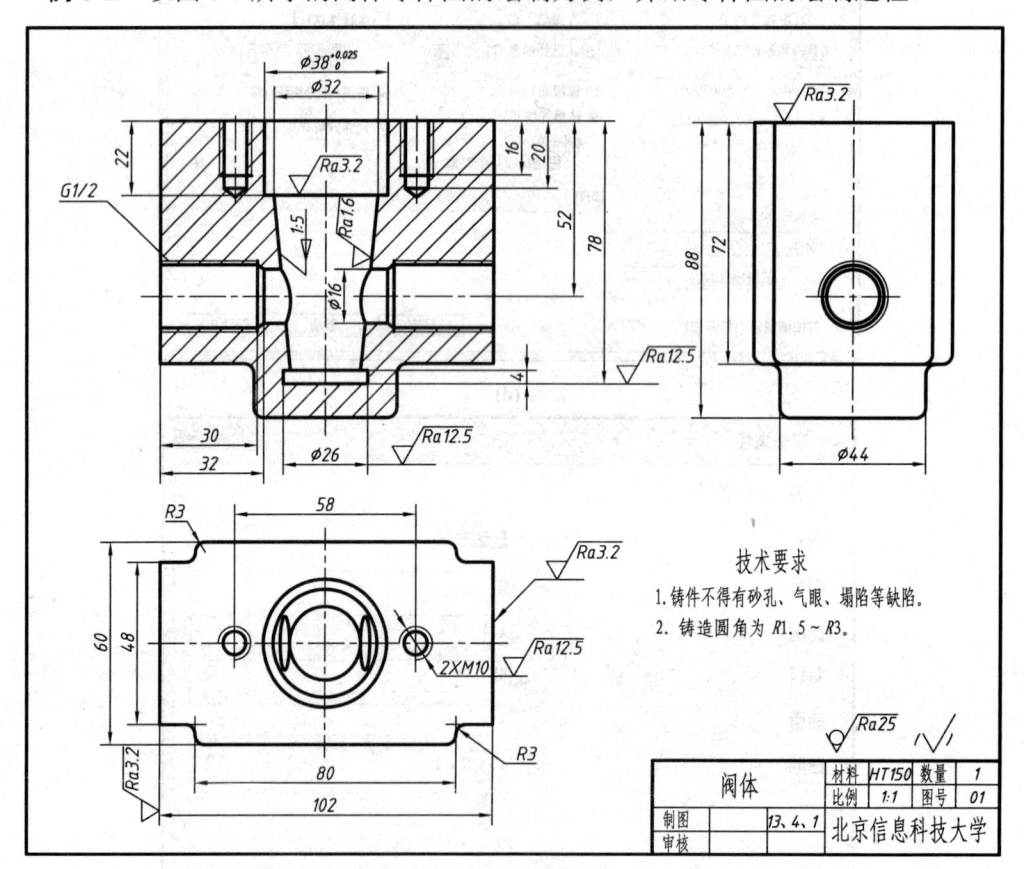

图 6-7 阀体零件图

(1) 根据所要绘制零件图的大小，调用适当图幅 A3 的样板图。
(2) 运用所学的绘图及编辑修改等命令，绘制图形，如图 6-8 所示。

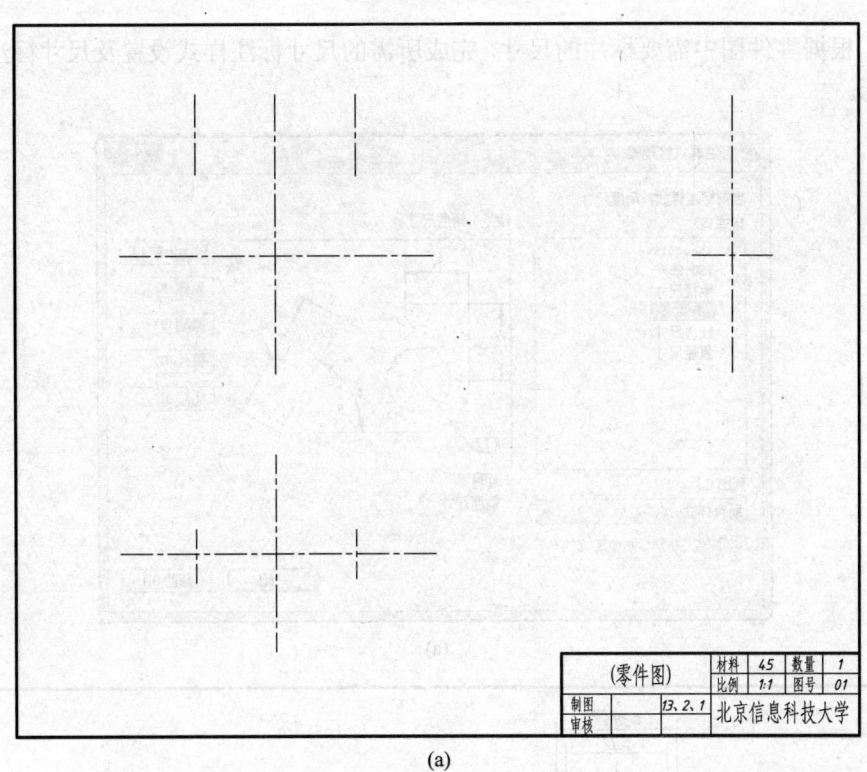

图 6-8 绘制阀体零件的视图
(a) 绘制基准线；(b) 绘制视图。

(3) 根据零件图中需要标注的尺寸，完成所需的尺寸标注样式设置及尺寸标注，如图 6-9 所示。

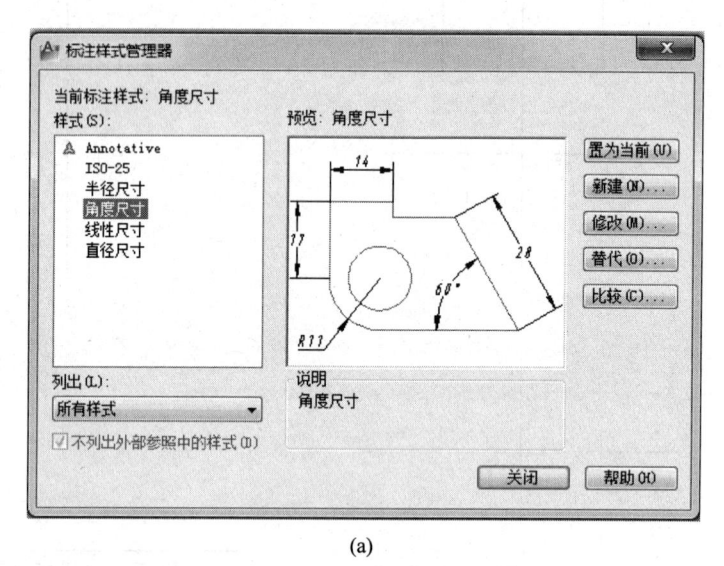

(a)

(b)

图 6-9 阀体零件图尺寸标注

(a) 尺寸标注样式设置；(b) 标注阀体零件图尺寸。

(4) 标注尺寸公差。图 6-10 所示尺寸公差 $\phi38^{+0.025}_{0}$ 的标注有两种方法。

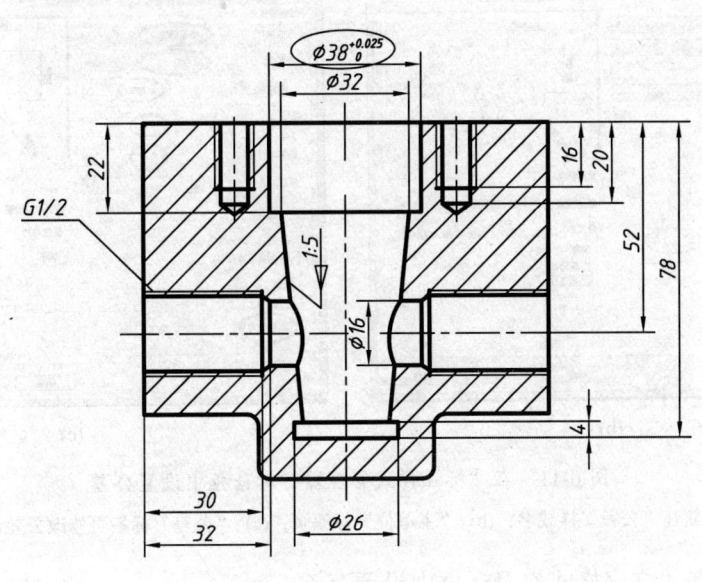

图 6-10 标注尺寸公差 $\phi38^{+0.025}_{0}$

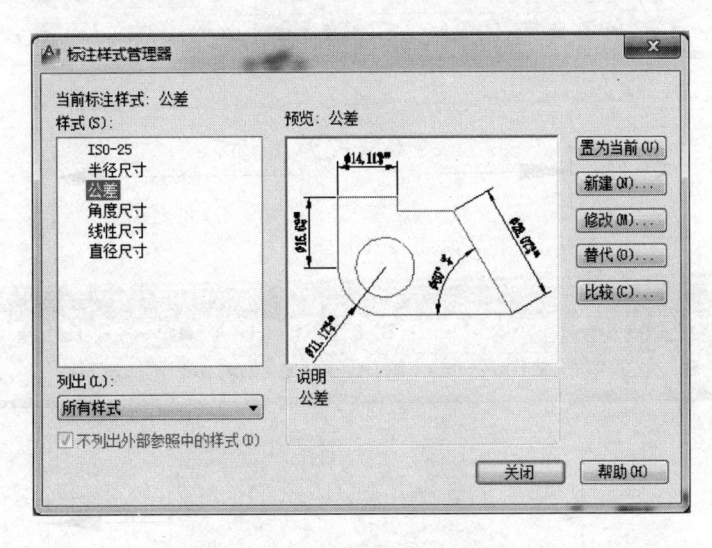

方法一：在"标注样式管理器"对话框中设置公差。

① 打开"标注样式"对话框，首先新建标注样式名，如图 6-11(a)所示。

② 在"主单位"标签页中的"前缀"栏填写%%c 和其他设置，如图 6-11(b)所示。如果不是直径尺寸，就不必填写"前缀"栏。

③ 在"公差"标签页中，修改公差值等内容,如图 6-11(c)所示。

④ 用"公差"样式名标注图 6-10 中所示带公差的尺寸。

(a)

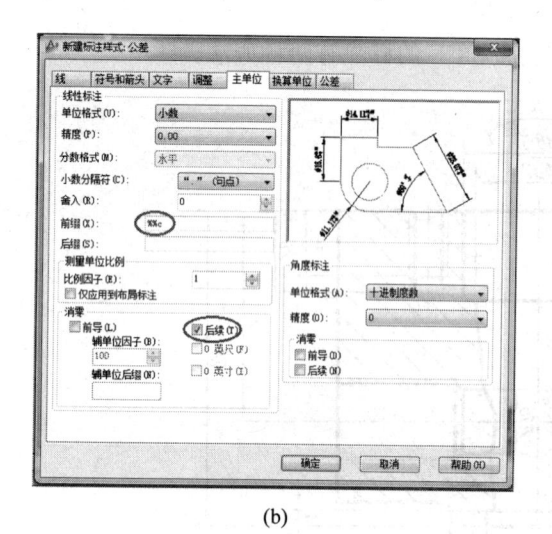

(b) 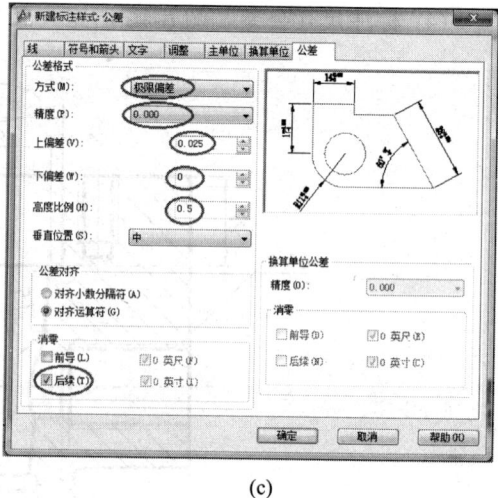   (c)

图 6-11　在"标注样式管理器"对话框中设置公差

(a) 新建"公差"样式名；(b) "主单位"标签页；(c) "公差"标签页修改公差值。

方法二：在"文字格式"对话框中设置公差。

① 标注完尺寸后，双击带公差的尺寸，弹出"文字格式"对话框，如图 6-12(a) 所示。

② 在对话框中填写上、下偏值，上、下偏值中间用键盘上 6 按键上的"∧"符号隔开，如图 6-12(b)所示。

③ 选中上、下偏值，单击"文字格式"对话框中的堆叠按钮，如图 6-12(c)所示。

④ 单击对话框中的"确定"按钮，完成公差的标注，如图 6-12(d)所示。

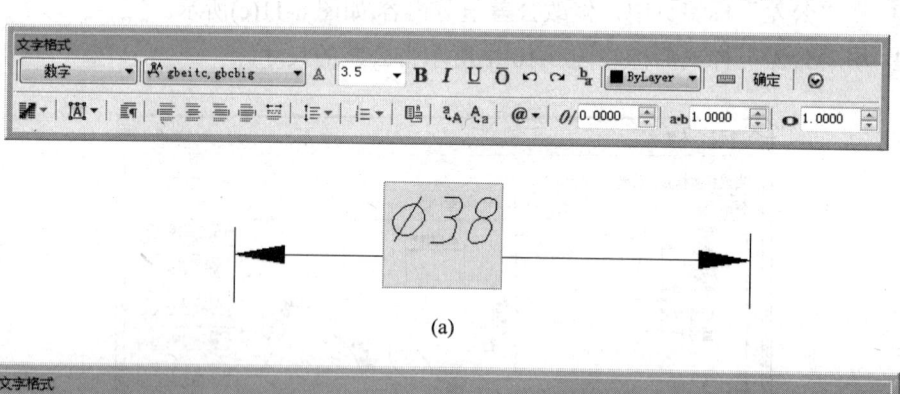

(a)

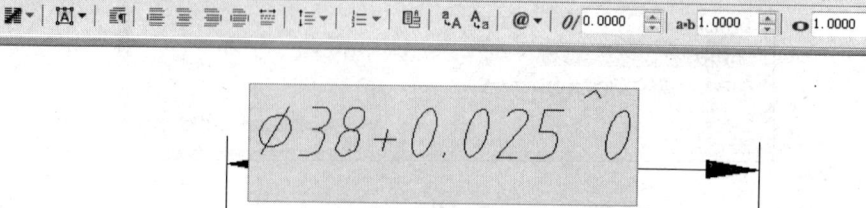

(b)

78

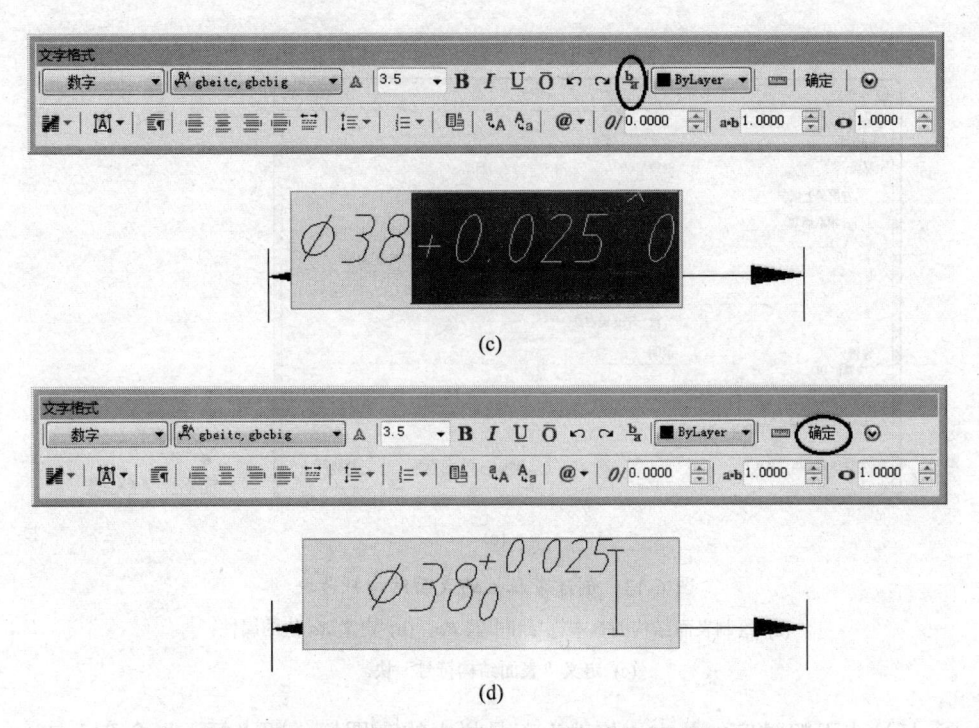

图 6-12 在"文字格式"对话框中设置公差

(a)"文字格式"对话框；(b) 在"文字格式"对话框中填写上、下偏差值；
(c) 在"文字格式"对话框中选中上、下偏差值；(d)完成公差标注。

(5) 标注表面粗糙度。

① 绘制表面粗糙度符号和 Ra，如图 6-13(a)所示。

② 用 attdef 命令定义 Ra 值的属性，如图 6-13(b)所示。

③ 用创建块命令 block，将表面结构的基本符号和 Ra 值定义为块，如图 6-13(c)所示。

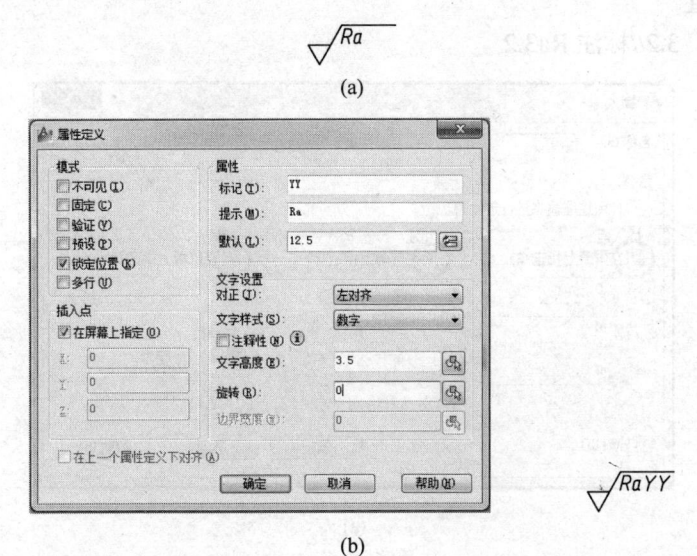

79

(c)

图 6-13　创建带属性的表面结构符号块

(a) 绘制表面结构的基本符号和书写 *Ra*；(b) 定义 *Ra* 值的属性；
(c) 定义"表面结构符号"块。

④ 标注表面粗糙度。单击"修改"工具栏中的图标，即"插入"命令 insert，弹出图 6-14(a)所示对话框；单击"确定"按钮，在绘图界面上指定"粗糙度"的插入点，完成阀体零件图中表明粗糙度标注，如图 6-14(b)所示。具体操作如下：

命令：_insert//"插入块"命令
指定插入点或 [基点(B)/比例(S)/X/Y/Z/旋转(R)]:
输入 X 比例因子，指定对角点，或 [角点(C)/XYZ(XYZ)] <1>:
输入 Y 比例因子或 <使用 X 比例因子>:
指定旋转角度 <0>:
输入属性值
Ra <12.5>：3.2//标注 Ra3.2

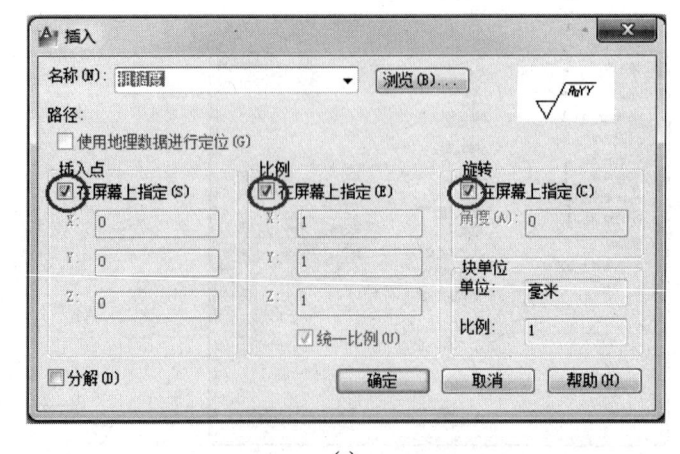

(a)

(b)

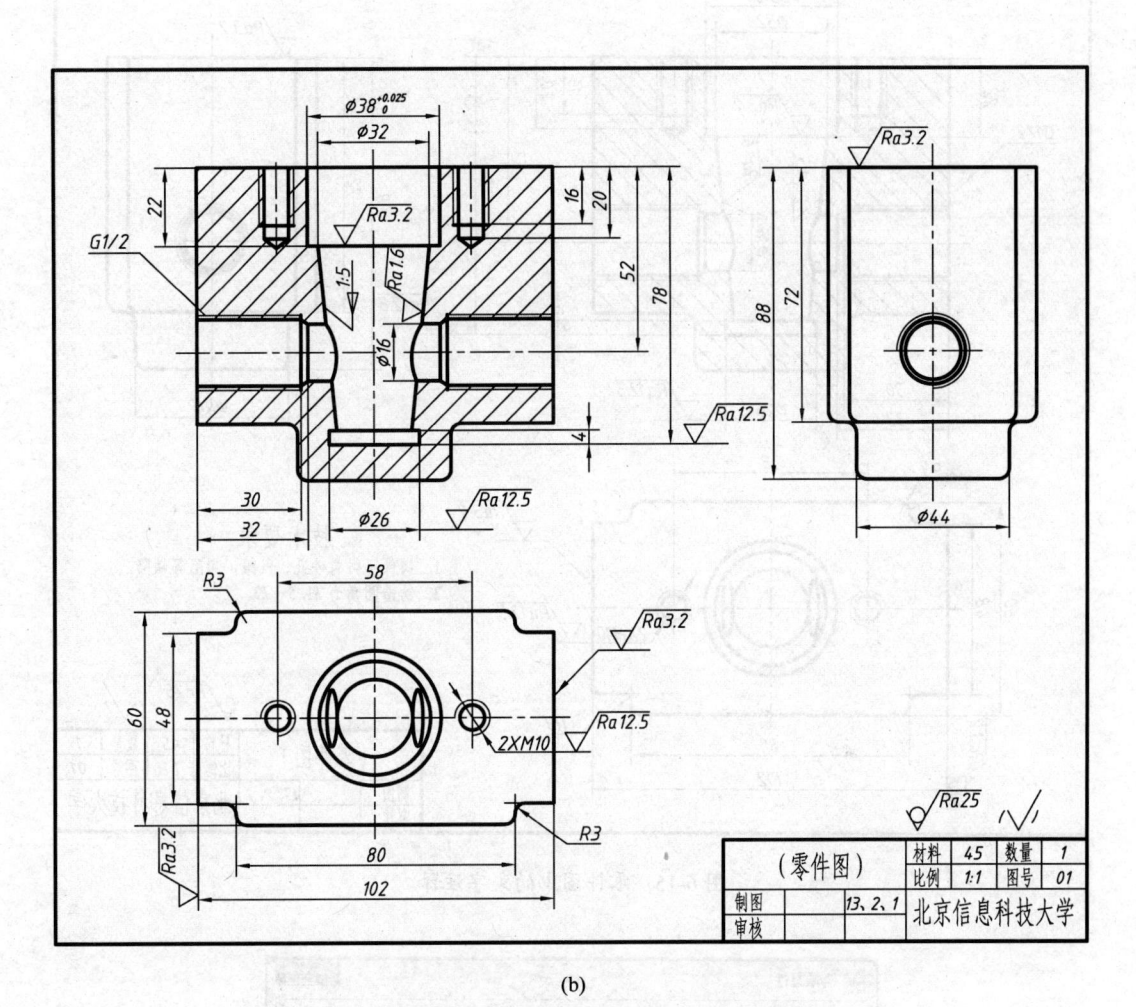

图 6-14 零件图中的技术要求表面结构的标注

(a) "插入"对话框；(b) 标注零件图中的表面结构。

(6) 使用"单行文字"注释命令 text 或"多行文字"命令 mtext 注释文字性技术要求，如图 6-15 所示。

(7) 编辑标题栏。在命令行输入 attedit 命令或双击图中的"标题栏"，弹出图 6-16 所示的对话框，修改标题栏中的零件名称、材料、比例等变动内容，完成阀体零件图的绘制。

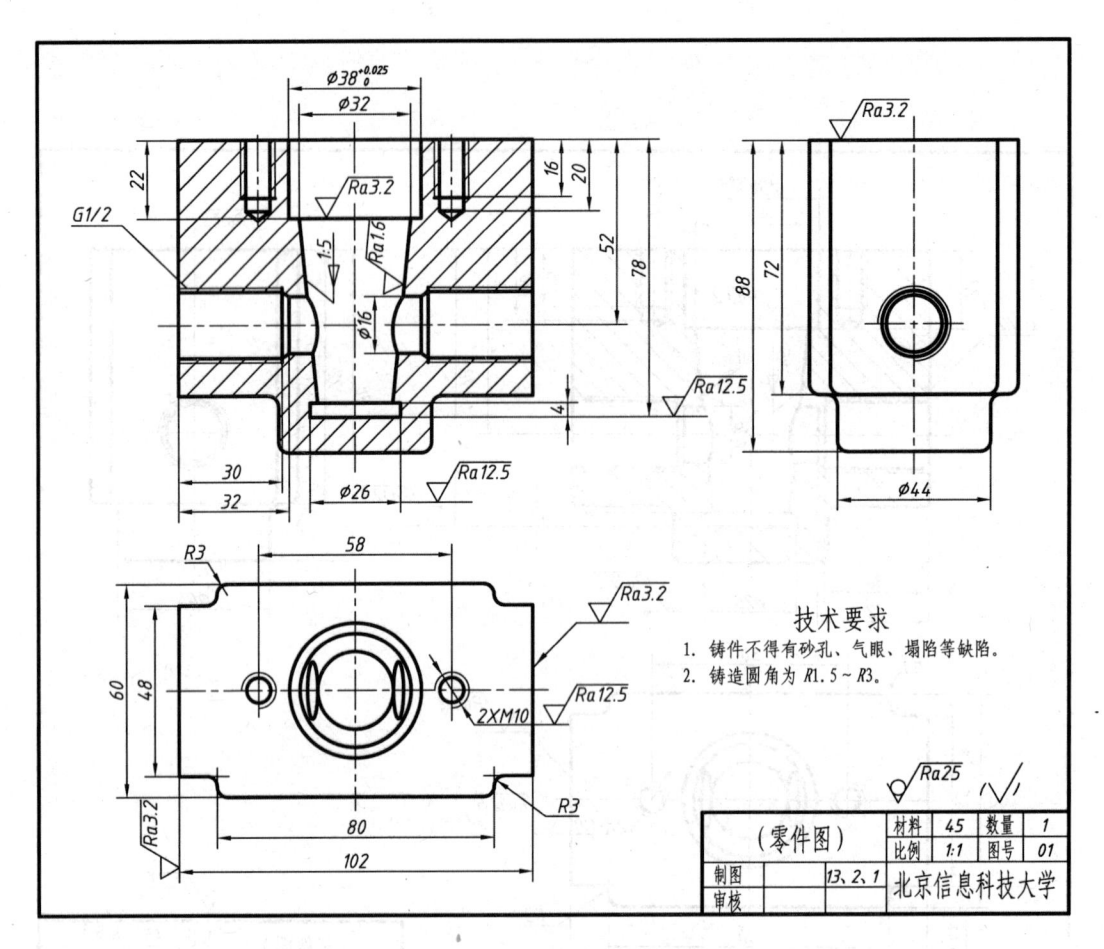

图 6-15 零件图中的文字注释

(a)

(b)

(c)

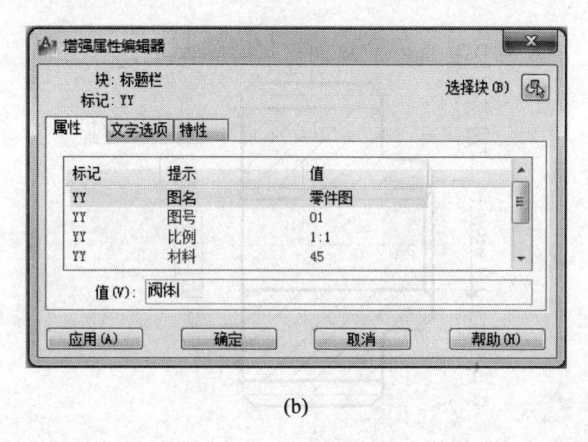

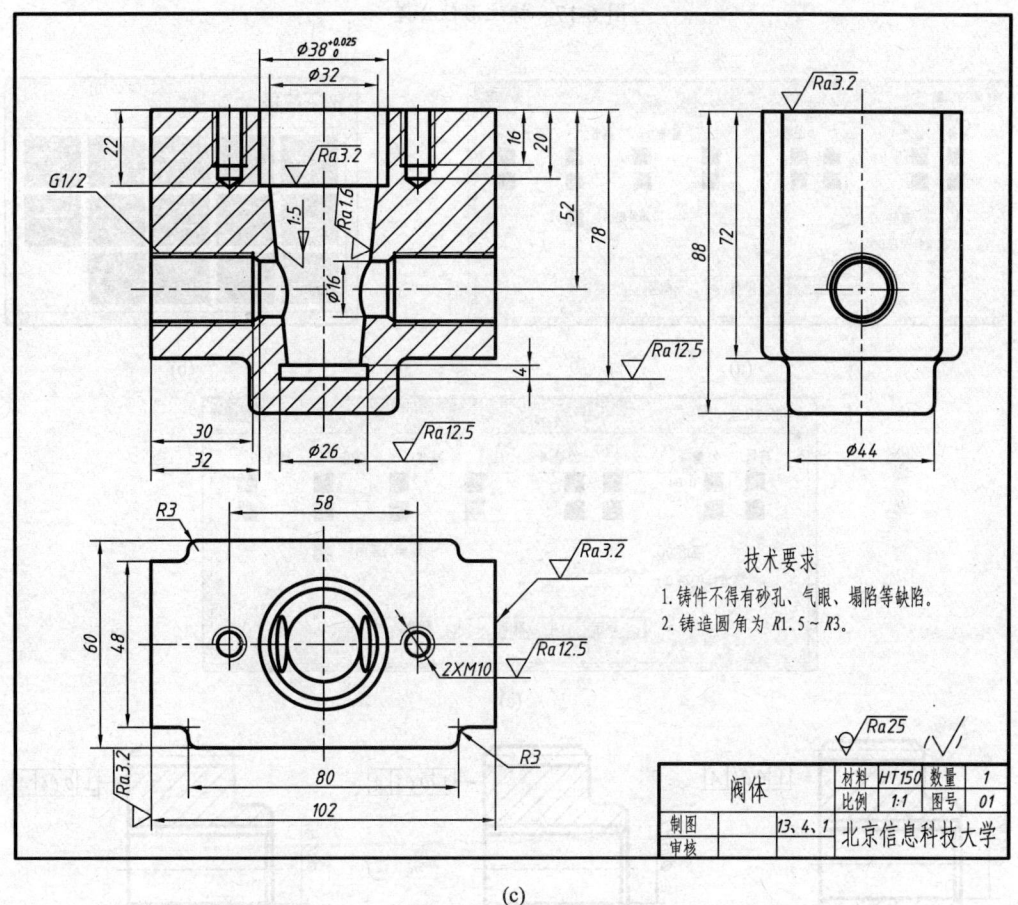

图 6-16 编辑标题栏

(a) ATTEDIT 命令编辑标题栏属性；(b) 双击标题栏编辑标题栏属性；
(c) 编辑修改后的标题栏。

例 6-3 标注图 6-17 所示零件图中的形位公差。

(1) 在"标注"下拉菜单中选择"公差 T"命令或单击"标注"工具栏中 图标，弹出图 6-18(a)所示对话框。

83

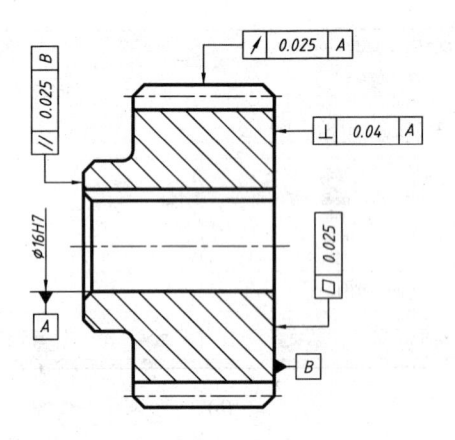

图 6-17 标注形位公差

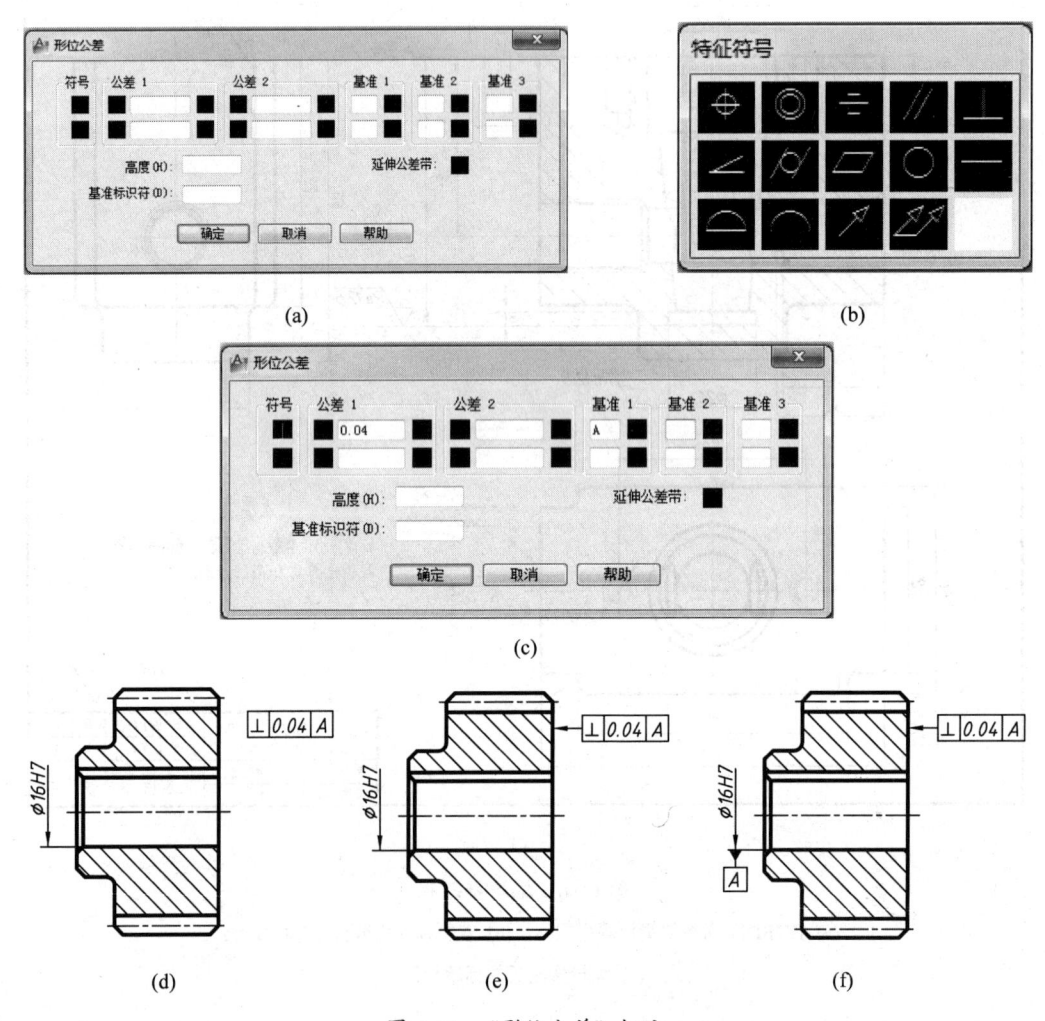

(a)　(b)　(c)

(d)　(e)　(f)

图 6-18 "形位公差"标注

(a) "形位公差"对话框；(b) "特征符号"对话框；(c) 设置"形位公差"对话框中的内容；
(d) 指定"形位公差"框格位置；(e) 标注指引线；(f) 标准形状公差基准。

(2) 在"形位公差"对话框中设置形位公差代号、公差值、基准符号等内容。

① 设置形位公差代号。在"形位公差"对话框中单击"符号"下方的黑块，弹出图 6-18(b)所示"特征符号"对话框。在该对话框中选择形位公差代号。

② 在"公差"和"基准"下方的白色文本框内设置公差值和基准代号，如图 6-18(c)所示。

③ 单击"确定"按钮，指定形位公差在图中的标注位置，如图 6-18(d)所示。

(3) 标注指引线，如图 6-18(e)所示。具体操作如下：

命令：leader // "引线"命令

指定引线起点://指向被测要素

指定下一点://指向"形位公差"框格

指定下一点或 [注释(A)/格式(F)/放弃(U)] <注释>:回车//引线没有弯折

输入注释文字的第一行或 <选项>:回车

输入注释选项 [公差(T)/副本(C)/块(B)/无(N)/多行文字(M)] <多行文字>：N//无注释文本

(4) 标注形位公差基准，如图 6-18(f)所示。同样方法完成图 6-17 所示的其他形位公差的标注。

3. 拼画装配图

例 6-4 绘制图 6-19 所示的旋阀装配图。

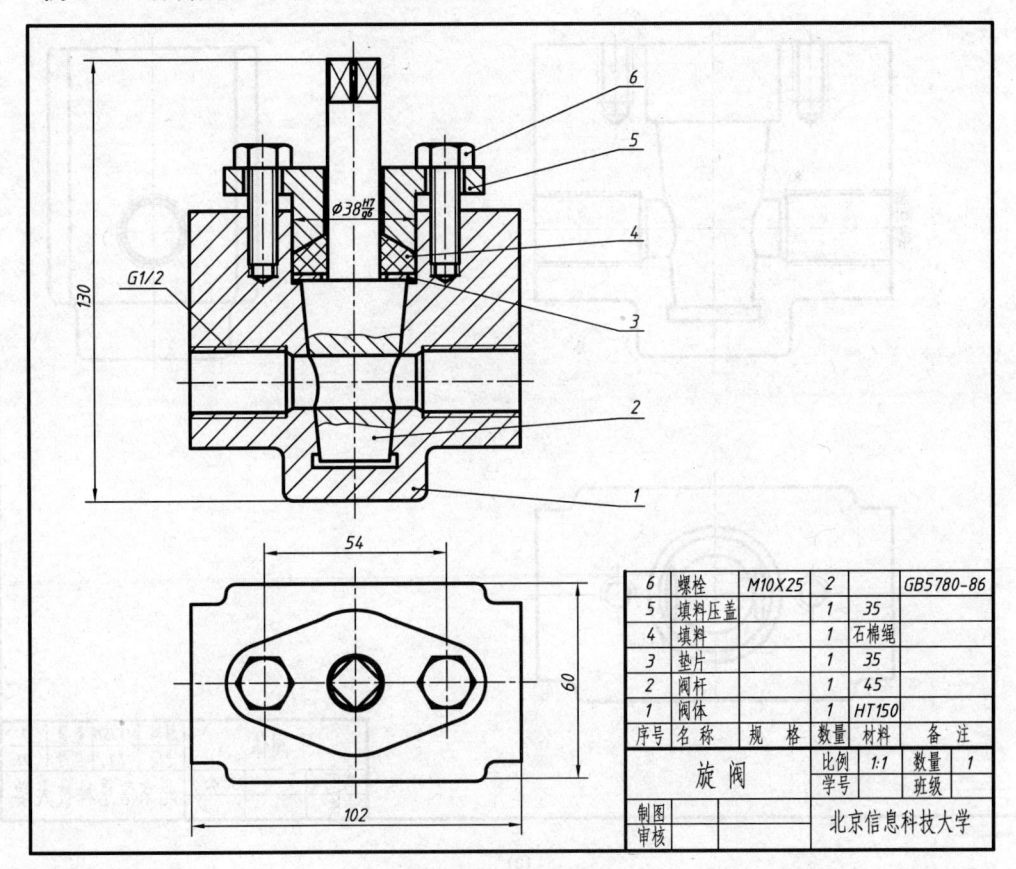

图 6-19 旋阀装配图

以旋阀装配图的绘制过程为例，介绍根据旋阀各零件图拼画装配图的具体过程。这需要利用多文档之间图形的复制与粘贴功能。

(1) 分别打开组成旋阀的四个零件的零件图。

(2) 分别关闭各零件图中的尺寸层、剖面线层和技术要求层。关闭相关图层后的阀体零件图如图 6-20(a)所示。

(3) 分别用复制 和粘贴 命令，把各个零件图中的图形粘贴到阀体零件图中。依次将阀杆、垫片和填料压盖的零件图粘贴到阀体零件图中，如图 6-20(b)所示。根据零件的装配关系，修改相应的主视图，如图 6-20(c)所示。

(4) 用块插入命令，根据螺栓的尺寸选择适当的放大比例绘制标准件螺栓。根据螺纹规定画法，修改图形，如图 6-20(d)所示。

(5) 在阀体零件图中新建尺寸层和剖面线层，完成装配图中的剖面线的填充、尺寸标注和技术要求的标注，如图 6-20(e)所示。

(6) 编写零件序号、绘制明细栏，并根据零件序号填写明细栏和修改标题栏。完成图 6-19 所示的旋阀装配图的绘制。

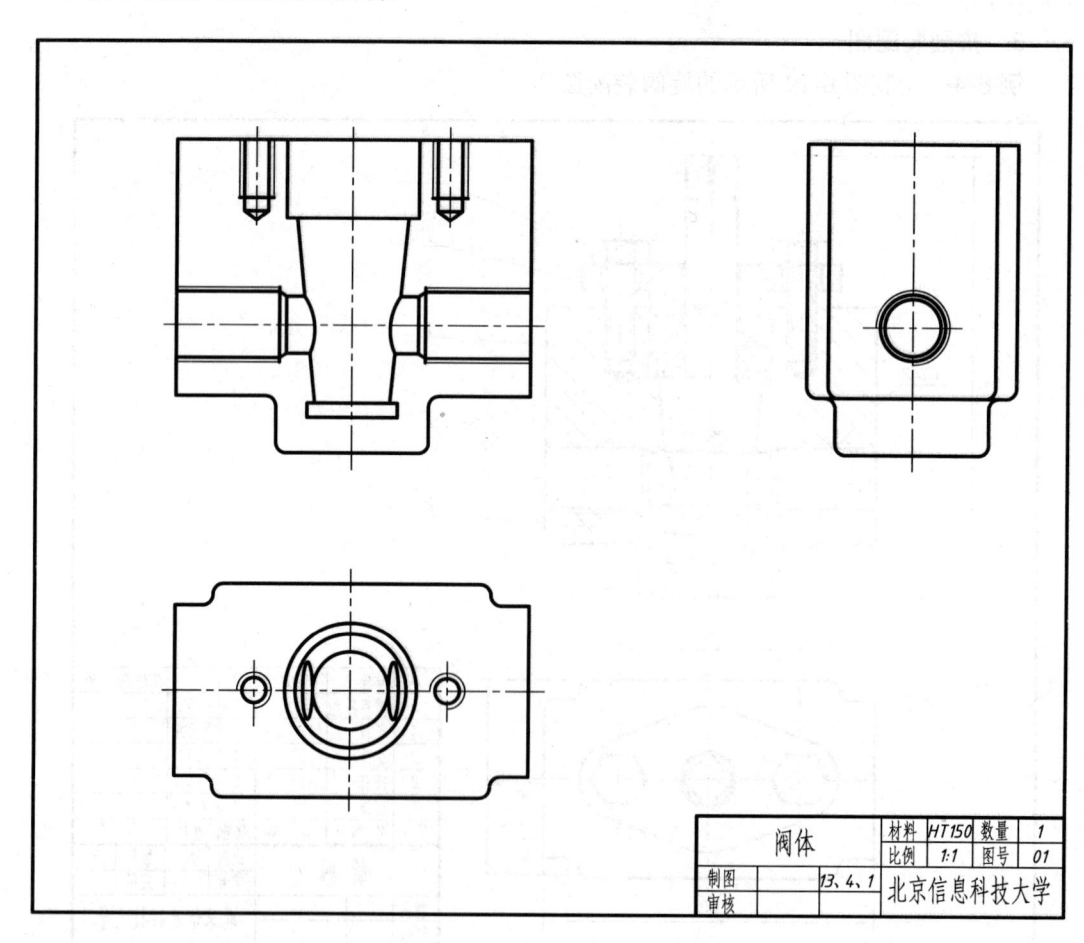

(a)

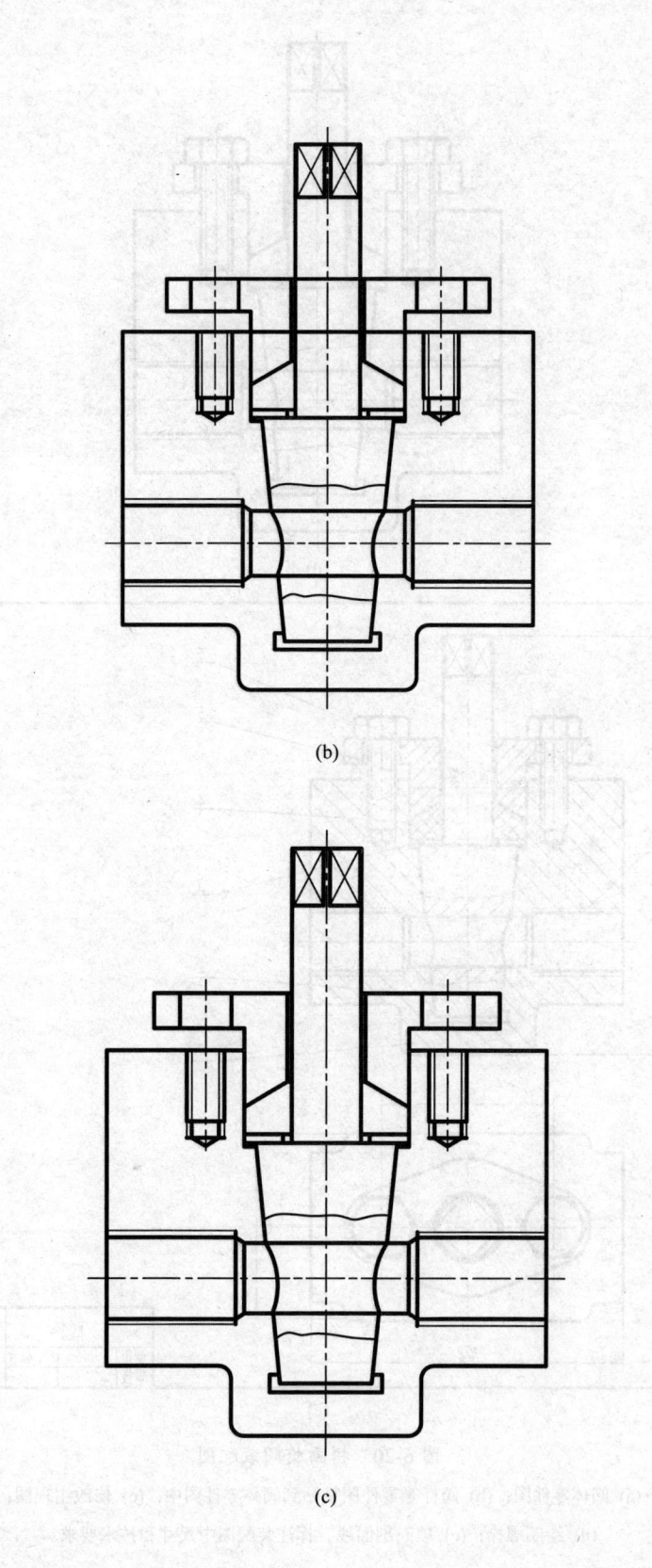

(b)

(c)

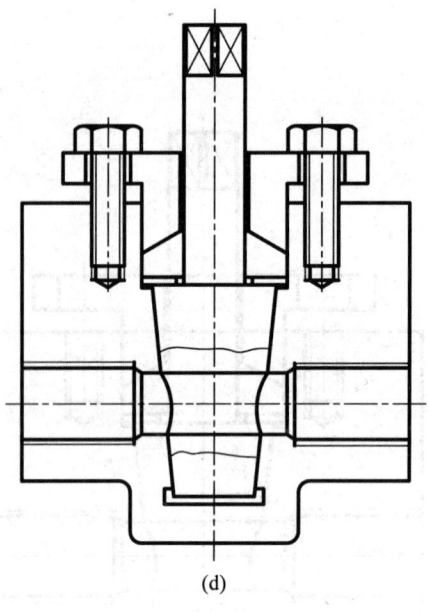

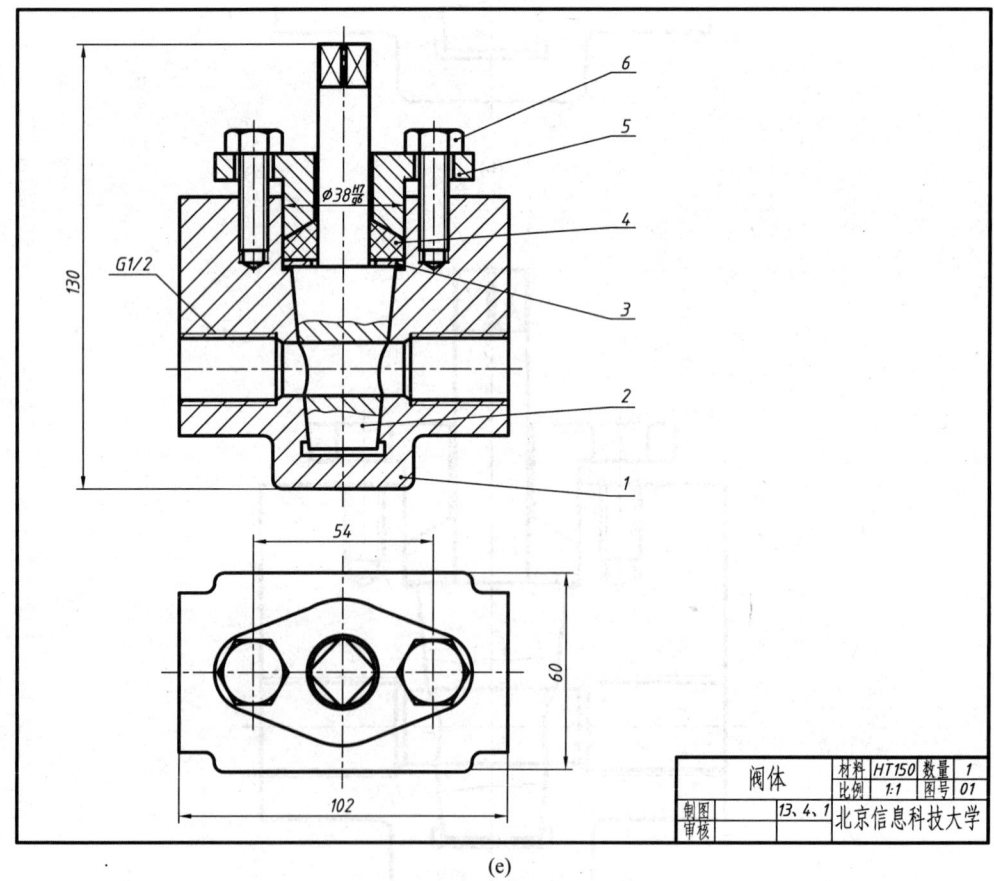

图 6-20 拼画旋阀装配图
(a) 阀体零件图；(b) 阀杆等零件图粘贴到阀体零件图中；(c) 修改主视图；
(d) 绘制螺栓；(e) 填充剖面线、标注装配图中尺寸和技术要求。

三、上机练习

绘制图 6-21 所示拨叉零件图。

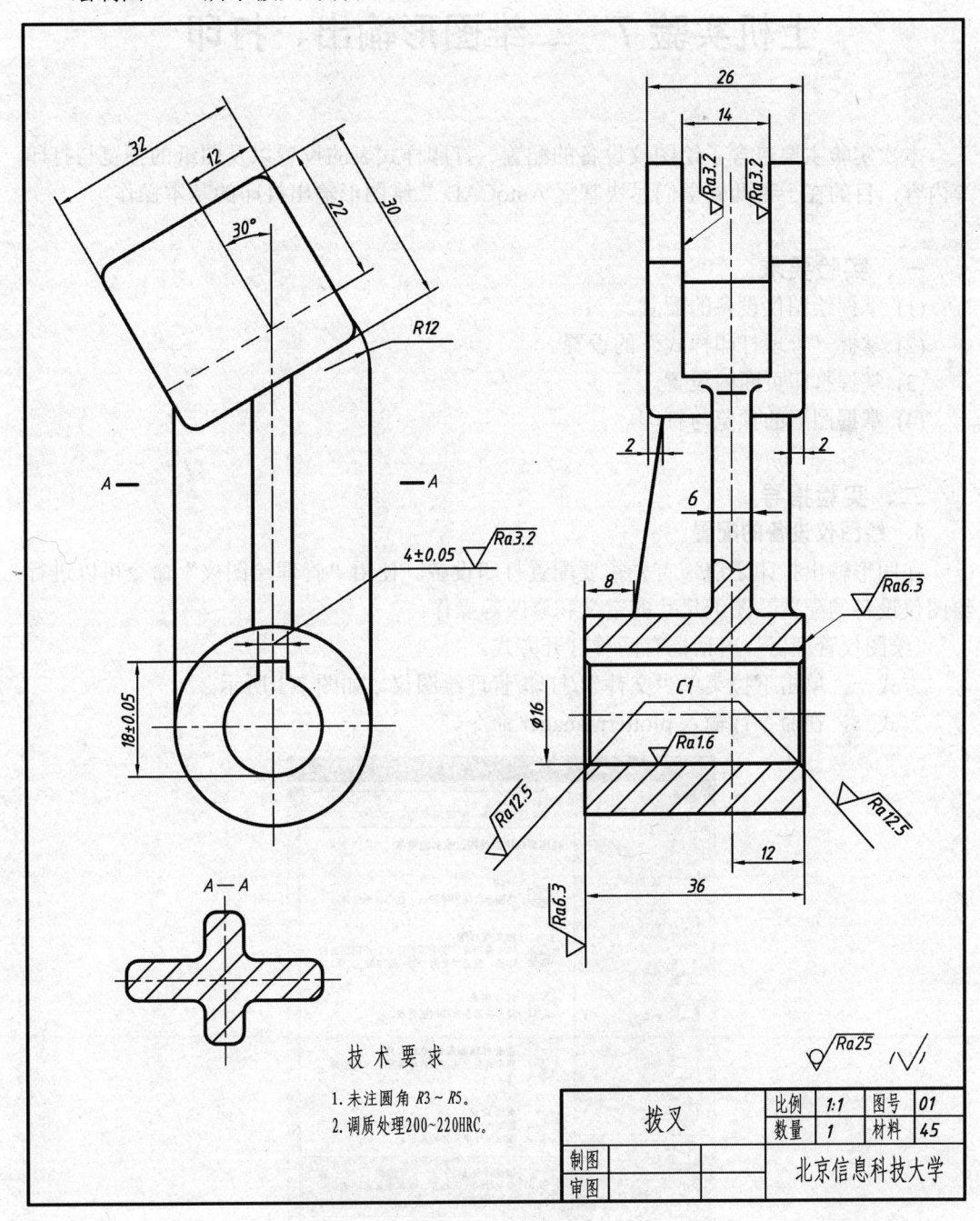

图 6-21 拨叉零件图

上机实验 7 二维图形输出、打印

本次实验主要包含了绘图仪设备的配置、打印样式表的设置以及图纸的预览与打印等内容，目的在于帮助同学们尽快掌握 AutoCAD 二维图形输出打印的基本操作。

一、实验要求
(1) 掌握绘图仪设备的配置。
(2) 掌握"管理打印样式"的设置。
(3) 掌握打印页面的设置。
(4) 掌握图形的预览与打印。

二、实验指导
1. 绘图仪设备的配置
在图形输出打印之前，首先需要配置打印设备。使用"管理绘图仪"命令可以进行绘图仪设备的配置、图纸尺寸的定义和修改等操作。

"绘图仪管理器"对话框有两种打开方式。

方式一，单击下拉菜单"文件"/打印/管理绘图仪，如图 7-1 所示。

方式二，在命令行输入 plottermanager 命令。

图 7-1 "绘图仪管理器"命令的调用

下面以配置"MS-Windows BMP"型号的打印机为例，学习 plottermanager 命令的使用。具体操作步骤如下：

(1) 单击下拉菜单"文件"/打印/管理绘图仪，打开"绘图仪管理器"对话框，如图 7-2 所示。

图 7-2 "绘图仪管理器"对话框

(2) 在"绘图仪管理器"对话框中双击"添加绘图仪向导"图标，打开"添加绘图仪-简介"对话框，如图 7-3 所示。

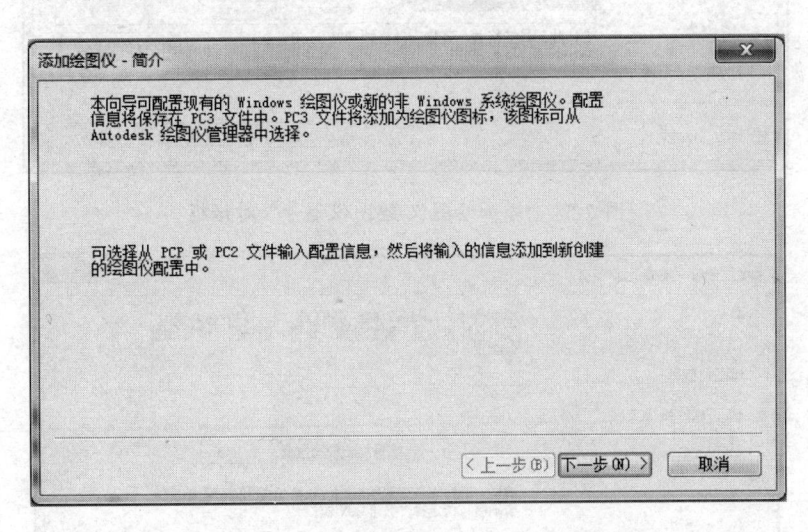

图 7-3 "添加绘图仪-简介"对话框

(3) 单击"下一步"按钮，打开"添加绘图仪-开始"对话框，如图 7-4 所示。
(4) 单击"下一步"按钮，打开"添加绘图仪-绘图仪型号"对话框，如图 7-5 所示。在该对话框中设置相关内容。
(5) 根据对话框的相关信息，选择对应的内容。依次单击"下一步"按钮，直至打开"添加绘图仪-完成"对话框，如图 7-6 所示。

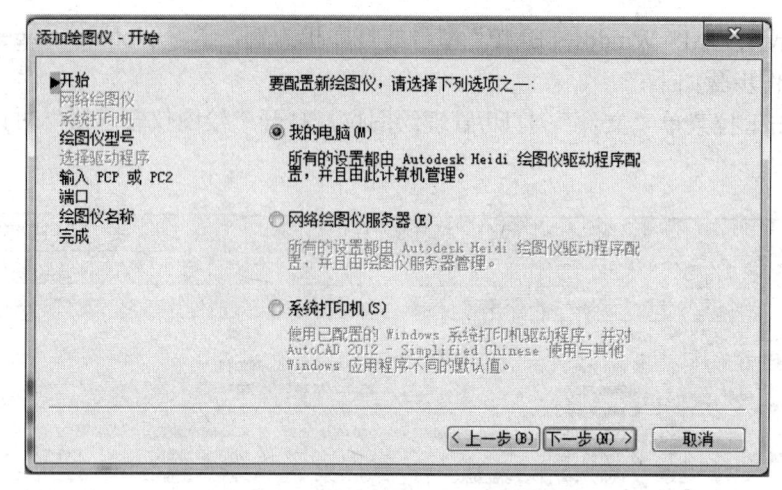

图 7-4 "添加绘图仪-开始"对话框

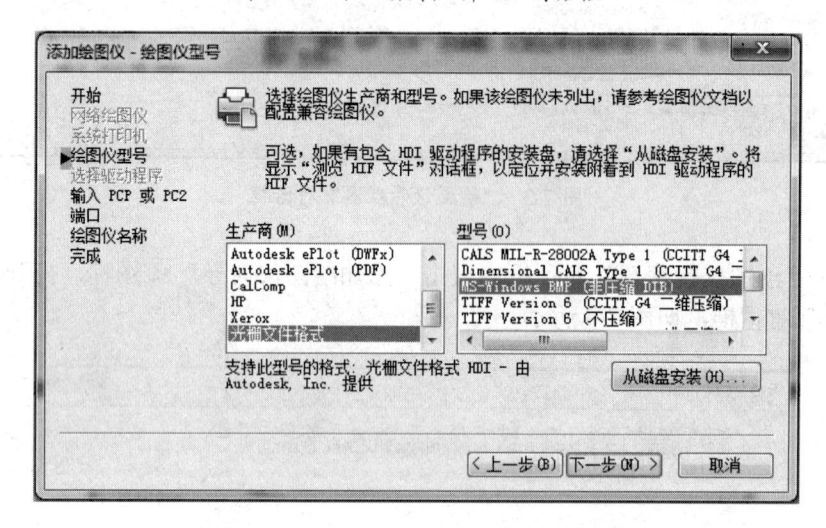

图 7-5 "添加绘图仪-绘图仪型号"对话框

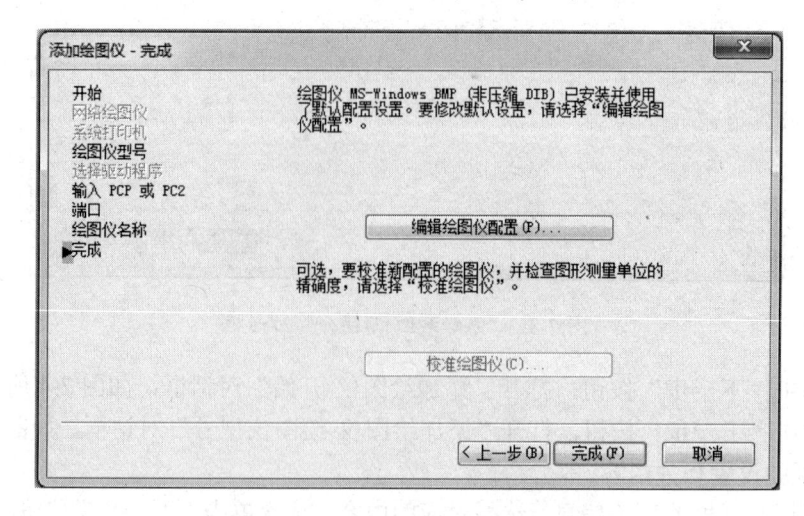

图 7-6 "添加绘图仪-完成"对话框

(6) 单击"完成"按钮，就完成了绘图仪的添加。在"绘图仪管理器"对话框中会自动出现新添加的绘图仪，如图 7-7 所示。

图 7-7　完成绘图仪的添加

2. "管理打印样式"的设置

"管理打印样式"的设置主要是创建和管理打印样式表，用于控制图形的打印效果，修改打印图形的外观。

"打印样式管理器"对话框有两种打开方式。

方式一，单击下拉菜单"文件"/打印/打印样式管理。

方式二，在命令行输入 stylesmanager 命令。

下面通过添加名称为"StyC01"的颜色相关打印表，学习"打印样式管理器"命令的使用方法。具体操作步骤如下：

(1) 单击下拉菜单"文件"/打印/管理打印样式，打开"打印样式管理器"对话框，如图 7-8 所示。

图 7-8　"打印样式管理器"对话框

(2) 在"打印样式管理器"对话框中双击"添加打印样式表向导"图标，打开"添加打印样式表"对话框，如图 7-9 所示。

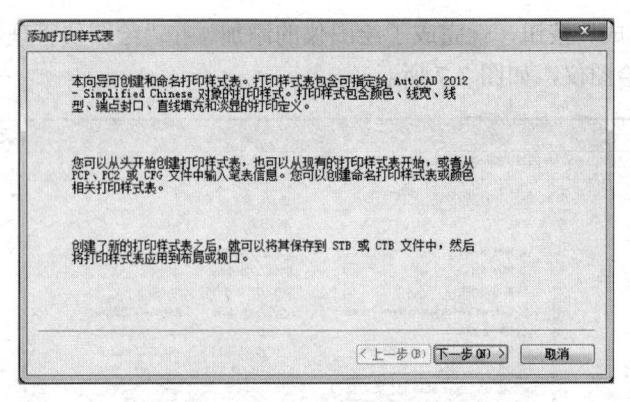

图 7-9 "添加打印样式表"对话框

(3) 单击"下一步"按钮,打开"添加打印样式表-开始"对话框,如图 7-10 所示。

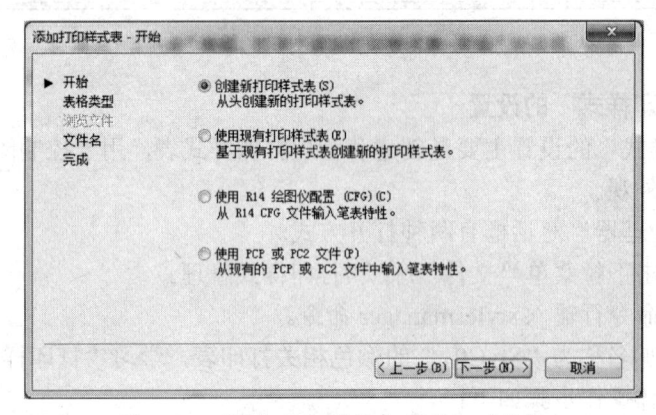

图 7-10 "添加打印样式表-开始"对话框

(4) 单击"下一步"按钮,打开"添加打印样式表-选择打印样式表"对话框,如图 7-11 所示。

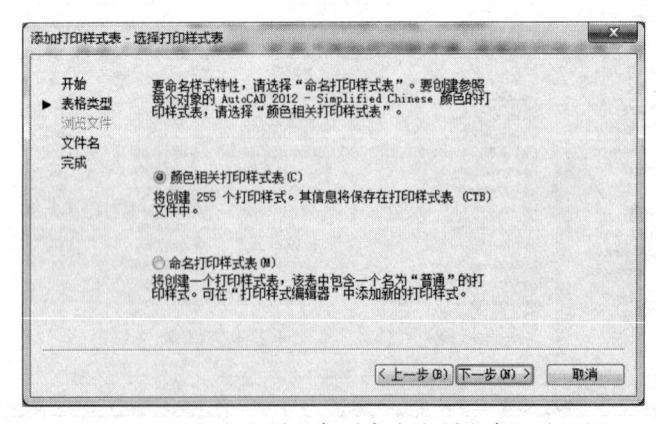

图 7-11 "添加打印样式表-选择打印样式表"对话框

(5) 单击"下一步"按钮,打开"添加打印样式表-文件名"对话框,在该对话框中命名相关打印样式表的名称 StyC01,如图 7-12 所示。

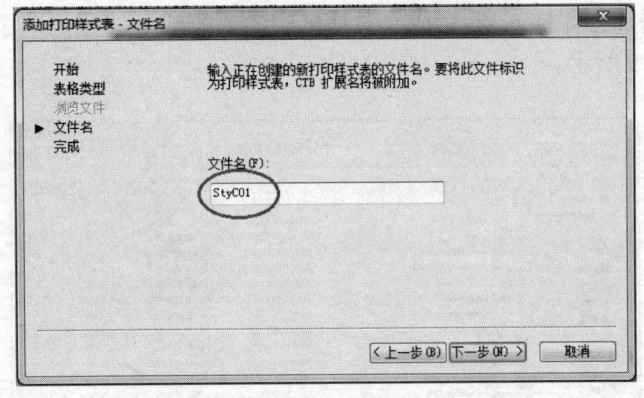

图 7-12 "添加打印样式表-文件名"对话框

(6) 单击"下一步"按钮，打开"添加打印样式表-完成"对话框，如图 7-13 所示；在"打印样式表编辑器"中完成打印样式表各参数的设置，如图 7-14 所示。

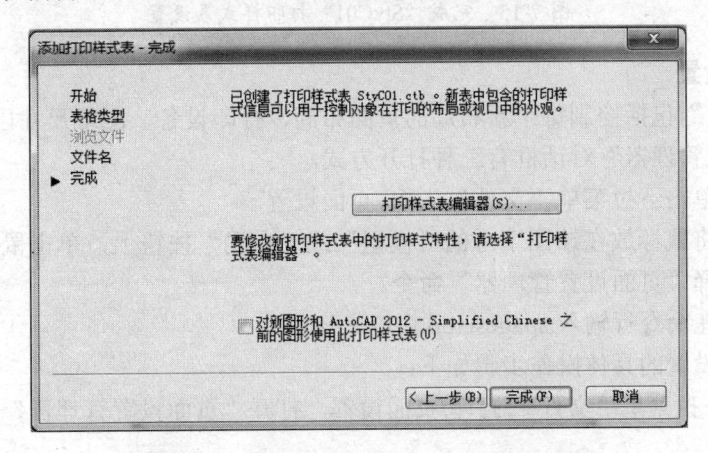

图 7-13 "添加打印样式表-完成"对话框

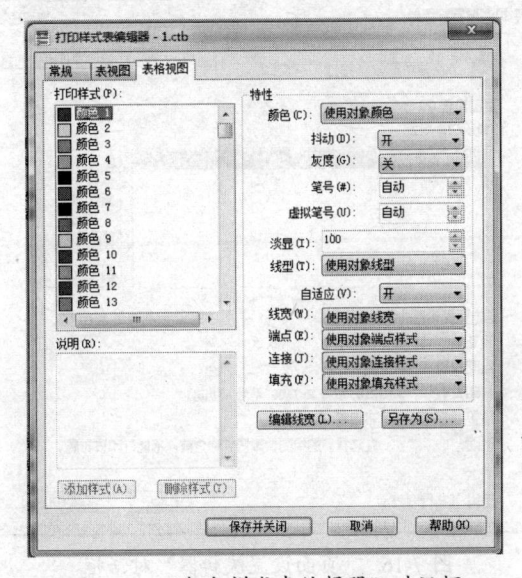

图 7-14 "打印样式表编辑器"对话框

95

(7) 单击"添加打印样式表-完成"对话框中的"完成"按钮，即添加新设置的打印样式表，如图7-15所示。

图7-15 完成"StyC01"打印样式表设置

3. 页面设置

"页面设置"包括控制每个新布局的页面布局、打印设备、图纸尺寸以及其他设置。"页面设置管理器"对话框有三种打开方式。

方式一，单击下拉菜单"文件"/打印/页面设置。

方式二，将鼠标放在绘图下方的"模型"或"布局"按钮上，单击鼠标右键，弹出快捷菜单，选择"页面设置管理器"命令。

方式三，在命令行输入 spagesetup 命令。

打印页面设置的具体操作步骤如下：

(1) 单击下拉菜单"文件"/打印/页面设置，打开"页面设置管理器"对话框，如图7-16所示。

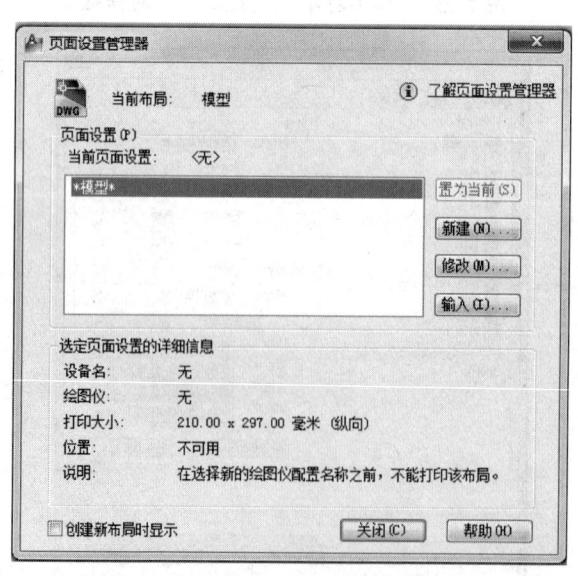

图7-16 "页面设置编辑器"对话框

(2) 单击"新建"按钮，打开"新建页面设置"对话框。在该对话框中，命名新建页面的名称，如图 7-17 所示。

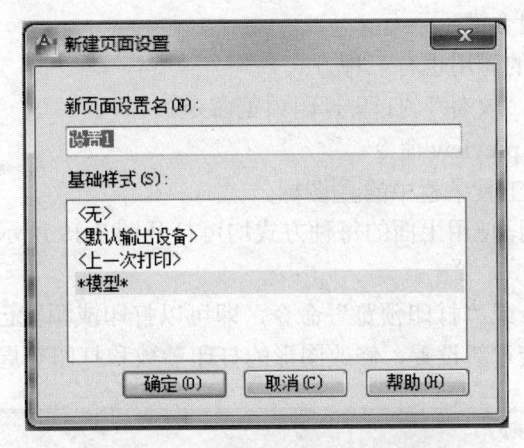

图 7-17　"新建页面设置"对话框

(3) 单击"确定"按钮，打开"页面设置-模型"对话框，如图 7-18 所示。

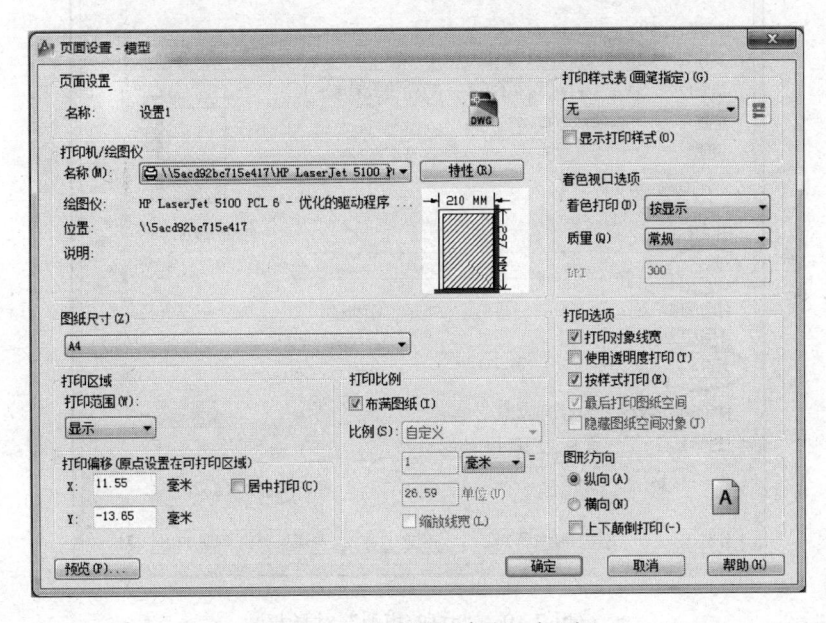

图 7-18　"页面设置-模型"对话框

在该对话框中可以完成"打印机/绘图仪"的配置、图纸尺寸的选择、打印比例的设置以及图形打印方向的选择。并可进行"打印区域"、图形预览等操作，完成"页面设置"的相关设置。

4. 图形的预览与打印

在 AutoCAD 中，"打印"命令的调用有多种方式。

(1) 在下拉菜单"文件"中单击"打印"命令。

(2) 在命令行输入 plot 命令。

(3) 单击"标准"工具栏中的图标。
(4) 在"模型"或"布局"选向卡的快捷菜单中选择打印。
(5) 使用 Ctrl+P 组合键。

"打印预览"命令的调用也有三种方式。

(1) 单击下拉菜单"文件"/打印/打印预览命令。
(2) 在命令行输入 preview 命令。
(3) 单击"标准"工具条栏中的图标。

在模型或布局空间，使用上面的每种方式均可打开图 7-19 所示的"打印-模型"或"打印-布局"对话框。

使用"打印"命令或"打印预览"命令，即可以打印或预览已设置好的页面布局，也可以在对话框中直接重新设置、修改图形的打印参数和打印布局。

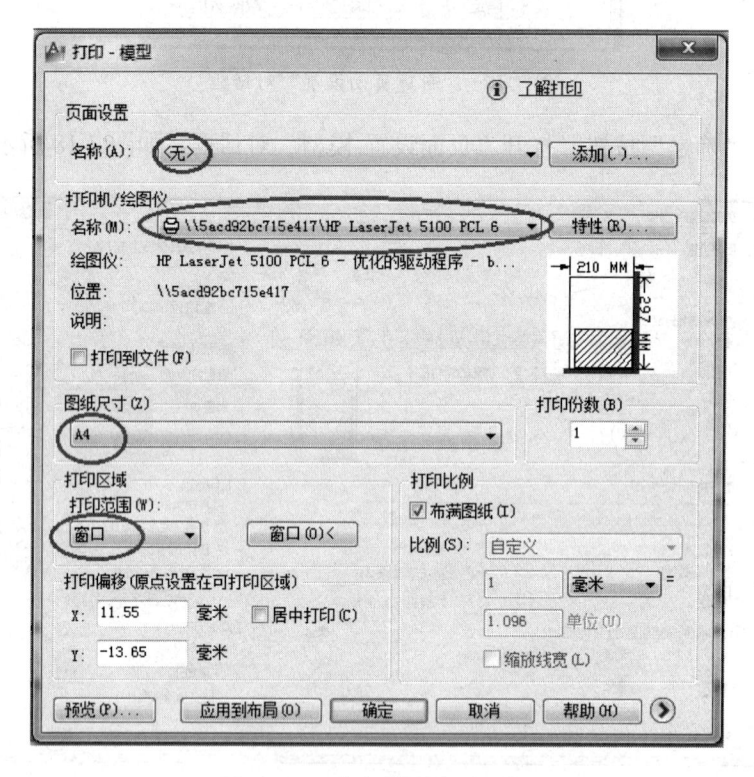

图 7-19 "打印-模型"对话框

上机实验 8　基本实体建模

本次实验主要学习三维基础实体的绘制，包括三维视图的显示、三维基本实体的绘制、拉伸和旋转以及扫掠和放样实体的绘制方法等内容。

一、实验要求
(1) 掌握三维实体绘图环境的设置。
(2) 掌握用户坐标系的设置和使用方法。
(3) 掌握三维视图的显示方法。
(4) 掌握创建基本实体的绘制方法。
(5) 掌握创建拉伸、旋转实体的绘制方法。
(6) 掌握创建扫掠、放样实体的绘制方法。

二、实验指导
例 8-1　分别绘制如图 8-1 所示三个方向的圆柱体，直径 ϕ=100mm，高 H=200mm。

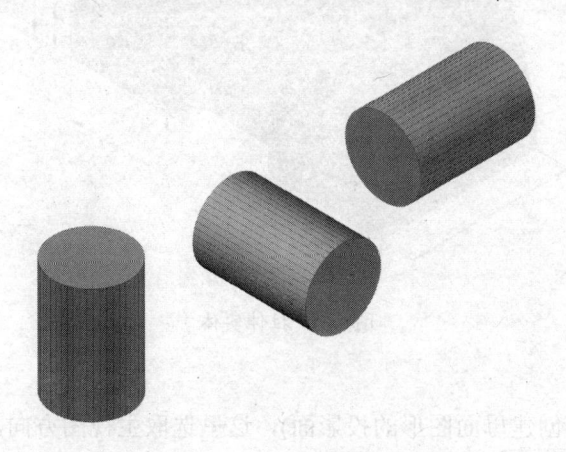

图 8-1　各种方向圆柱体实例

方法一　绘图步骤：
单击建模工具栏 图标，或输入 Cylinder 执行绘制圆柱体命令。
指定底面的中心点或 [三点(3P)/两点(2P)/切点、切点、半径(T)/椭圆(E)]：//任意指定圆柱底面圆心位置
指定底面半径或 [直径(D)]:50　　//输入半径 50
指定高度或 [两点(2P)/轴端点(A)]:a　　//选择轴端点选项 a
<正交　开>　//打开正交模式，移动鼠标至所需三个方向

99

指定轴端点:200　　//输入高度 200
注意：在输入高度前确认正交模式打开，然后选取圆柱拉伸方向即可。
方法二　绘图步骤：
(1) 单击视图工具栏 ▢ ，将坐标平面转换成俯视图方向，再切换成等轴测图方向以方便观察。
(2) 单击建模工具栏 ▢ 图标，或输入 Cylinder 执行绘制圆柱体命令。
指定底面的中心点或 [三点(3P)/两点(2P)/切点、切点、半径(T)/椭圆(E)]：//任意指定圆柱底面圆心位置
指定底面半径或 [直径(D)]:50 //输入半径 50
指定高度或[两点(2P)/轴端点(A)]:200　　//输入高度 200 完成上下方向圆柱的绘制
(3) 单击视图工具栏 ▢ ▢ ，分别将坐标平面转换成左视图方向和主视图方向，重复步骤(2)分别完成左右和前后方向圆柱体。

例 8-2　绘制如图 8-2 所示大小的拉伸体。

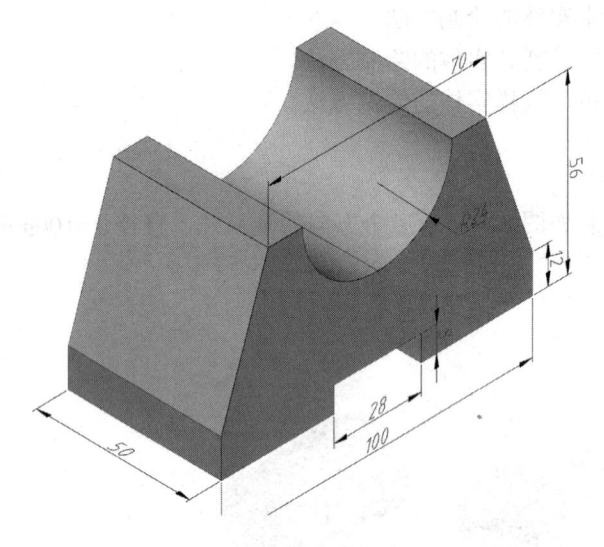

图 8-2　拉伸实体

绘图步骤：
(1) 选择投影面(创建母面图形的投影面)，这里选取主视图方向。
(2) 打开正交模式，执行 Pline 多段线命令绘制二维端面。
指定起点：这里指定端面左下角点为起点顺时针画图；
指定下一个点或 [圆弧(A)/半宽(H)/长度(L)/放弃(U)/宽度(W)]：12
指定下一点或 [圆弧(A)/闭合(C)/半宽(H)/长度(L)/放弃(U)/宽度(W)]：@15,44
指定下一点或 [圆弧(A)/闭合(C)/半宽(H)/长度(L)/放弃(U)/宽度(W)]：11
指定下一点或 [圆弧(A)/闭合(C)/半宽(H)/长度(L)/放弃(U)/宽度(W)]：a
指定圆弧的端点或 [角度(A)/圆心(CE)/闭合(CL)/方向(D)/半宽(H)/直线(L)/半径(R)/第二个点(S)/放弃(U)/宽度(W)]：r
指定圆弧的半径：24

指定圆弧的端点或 [角度(A)]：a

指定包含角：180

指定圆弧的弦方向 <0>:回车 Enter

指定圆弧的端点或[角度(A)/圆心(CE)/闭合(CL)/方向(D)/半宽(H)/直线(L)/半径(R)/第二个点(S)/放弃(U)/宽度(W)]：l

指定下一点或 [圆弧(A)/闭合(C)/半宽(H)/长度(L)/放弃(U)/宽度(W)]：11

指定下一点或 [圆弧(A)/闭合(C)/半宽(H)/长度(L)/放弃(U)/宽度(W)]：@15,-44

指定下一点或 [圆弧(A)/闭合(C)/半宽(H)/长度(L)/放弃(U)/宽度(W)]：12

指定下一点或 [圆弧(A)/闭合(C)/半宽(H)/长度(L)/放弃(U)/宽度(W)]：36

指定下一点或 [圆弧(A)/闭合(C)/半宽(H)/长度(L)/放弃(U)/宽度(W)]：8

指定下一点或 [圆弧(A)/闭合(C)/半宽(H)/长度(L)/放弃(U)/宽度(W)]：28

指定下一点或 [圆弧(A)/闭合(C)/半宽(H)/长度(L)/放弃(U)/宽度(W)]：8

指定下一点或 [圆弧(A)/闭合(C)/半宽(H)/长度(L)/放弃(U)/宽度(W)]：c

(3) 单击建模工具栏 图标，执行 Extrude 拉伸命令。

选择要拉伸的对象： //选取刚才生成的端面

选择要拉伸的对象：回车 Enter

指定拉伸的高度或 [方向(D)/路径(P)/倾斜角(T)]：50

注意：Extrude 拉伸命令将闭合对象(如圆、封闭的多段线、矩形和正多边形等)拉伸为三维实体，而将开放对象(如直线和圆弧等)拉伸为三维曲面。所以必须将多个独立对象(如多条直线或圆弧)转换为单个对象，才能从中创建拉伸实体。

具体方法有两种。

① 使用 Region 命令将对象转换为形成面域。

② 使用 Pedit 命令中的"合并"选项将对象合并为多段线。

例 8-3 绘制如图 8-3 所示大小的旋转体。

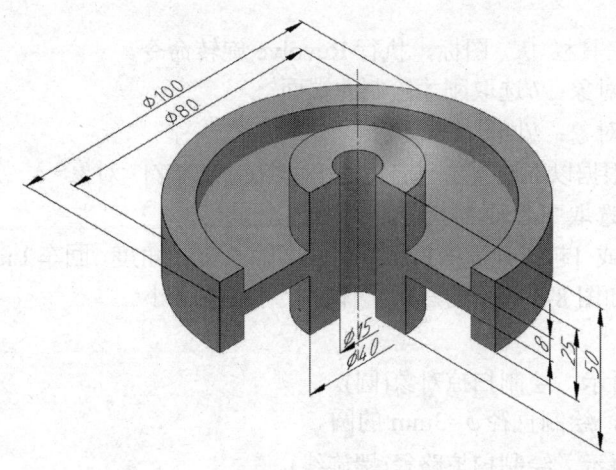

图 8-3 旋转实体

绘图步骤：

(1) 选择投影面(创建母面图形的投影面)，这里选取主视图。

(2) 打开正交模式，执行 Pline 多段线命令绘制如图 8-4 所示的工字形状二维端面。
指定起点：
指定下一个点或 [圆弧(A)/半宽(H)/长度(L)/放弃(U)/宽度(W)]：12.5
指定下一点或 [圆弧(A)/闭合(C)/半宽(H)/长度(L)/放弃(U)/宽度(W)]：21
指定下一点或 [圆弧(A)/闭合(C)/半宽(H)/长度(L)/放弃(U)/宽度(W)]：20
指定下一点或 [圆弧(A)/闭合(C)/半宽(H)/长度(L)/放弃(U)/宽度(W)]：8.5
指定下一点或 [圆弧(A)/闭合(C)/半宽(H)/长度(L)/放弃(U)/宽度(W)]：10
指定下一点或 [圆弧(A)/闭合(C)/半宽(H)/长度(L)/放弃(U)/宽度(W)]：25
指定下一点或 [圆弧(A)/闭合(C)/半宽(H)/长度(L)/放弃(U)/宽度(W)]：10
指定下一点或 [圆弧(A)/闭合(C)/半宽(H)/长度(L)/放弃(U)/宽度(W)]：8.5
指定下一点或 [圆弧(A)/闭合(C)/半宽(H)/长度(L)/放弃(U)/宽度(W)]：20
指定下一点或 [圆弧(A)/闭合(C)/半宽(H)/长度(L)/放弃(U)/宽度(W)]：21
指定下一点或 [圆弧(A)/闭合(C)/半宽(H)/长度(L)/放弃(U)/宽度(W)]：12.5
指定下一点或 [圆弧(A)/闭合(C)/半宽(H)/长度(L)/放弃(U)/宽度(W)]：c

(3) 执行 Line 直线命令绘制中心轴：注意中心轴到端面的距离为 7.5。

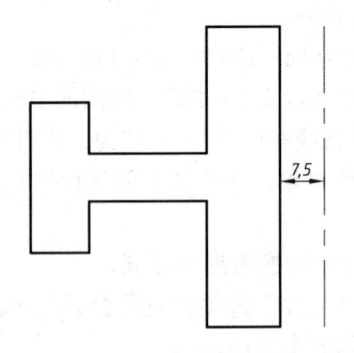

图 8-4 绘制二维端面

(4) 单击建模工具栏 图标，执行 Revolve 旋转命令。
选择要旋转的对象：//选取刚才绘制的端面
选择要旋转的对象：//回车 Enter
指定轴起点或根据以下选项之一定义轴 [对象(O)/X/Y/Z] <对象>:o   //选择对象选项 o
选择对象：   //选取中心轴
指定旋转角度或 [起点角度(ST)] <360>：//输入旋转角度，回车 Enter 接受默认 360°

例 8-4　绘制如图 8-5 所示的三维实体，尺寸任意大小。

绘图步骤：

(1) 如图 8-6 所示，绘制扫掠对象(圆)。
执行画圆命令，绘制直径 ϕ=3mm 的圆。

(2) 如图 8-6 所示，绘制扫掠路径(螺旋线)。
单击建模工具栏 图标，执行 Helix 画螺旋线命令。
圈数 = 3.0000   扭曲=CCW
指定底面的中心点：   //任意指定底面中心

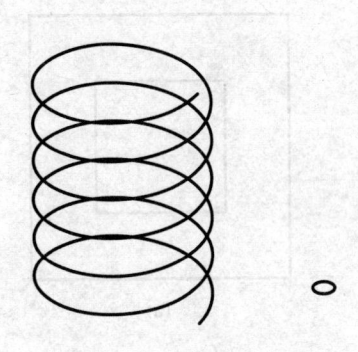

图 8-5 扫掠实体　　　　　　　　　　　图 8-6 扫掠对象和路径

指定底面半径或 [直径(D)] <12.0000>：12
指定顶面半径或 [直径(D)] <12.0000>：12
指定螺旋高度或 [轴端点(A)/圈数(T)/圈高(H)/扭曲(W)] <18.0000>：h　//选择圈高选项以设置圈间距
指定圈间距 <6.0000>：6　//输入圈间距值
指定螺旋高度或 [轴端点(A)/圈数(T)/圈高(H)/扭曲(W)] <18.0000>：36　//输入螺旋线高度或者选择 T 选项设置圈数

(3) 单击建模工具栏 图标，执行 Sweep 扫掠命令。
当前线框密度： ISOLINES=4，闭合轮廓创建模式=实体
选择要扫掠的对象或 [模式(MO)]：_MO 闭合轮廓创建模式 [实体(SO)/曲面(SU)] <实体>：_SO
选择要扫掠的对象或 [模式(MO)]：找到 1 个　//选择扫掠对象(圆)
选择要扫掠的对象或 [模式(MO)]：　//回车 Enter 结束扫掠对象的选择
选择扫掠路径或 [对齐(A)/基点(B)/比例(S)/扭曲(T)]：　//选择扫掠路径(螺旋线)

例 8-5　绘制如图 8-7 所示的三维实体，尺寸任意大小。

图 8-7 放样实体

绘图步骤：
(1) 如图 8-8(a)所示，绘制两个正方形横截面。
(2) 如图 8-8(b)所示，将较小正方形向上移动一定距离，再将较大正方形复制并向上移动一定距离。

103

(a)   (b)

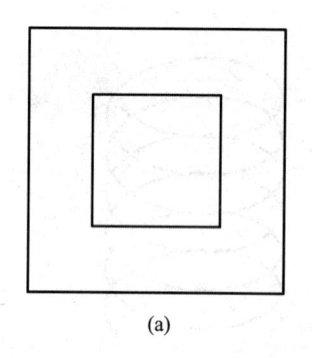

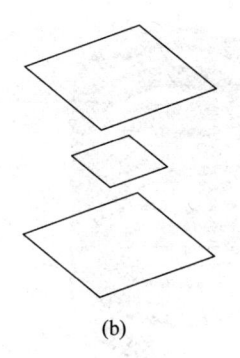

图 8-8 放样横截面的绘制

(a) 在同一平面内绘制横截面；(b) 移动横截面。

(3) 单击建模工具栏 图标，执行 Loft 放样命令。

当前线框密度：ISOLINES=4，闭合轮廓创建模式 = 实体

按放样次序选择横截面或 [点(PO)/合并多条边(J)/模式(MO)]：_MO 闭合轮廓创建模式 [实体(SO)/曲面(SU)] <实体>：_SO

按放样次序选择横截面或 [点(PO)/合并多条边(J)/模式(MO)]：找到 1 个   //选择最下面的较大正方形

按放样次序选择横截面或 [点(PO)/合并多条边(J)/模式(MO)]：找到 1 个，总计 2 个 //选择中间较小正方形

按放样次序选择横截面或 [点(PO)/合并多条边(J)/模式(MO)]：找到 1 个，总计 3 个 //选择最上面的较大正方形

按放样次序选择横截面或 [点(PO)/合并多条边(J)/模式(MO)]： //Enter 回车结束横截面的选择

选中了 3 个横截面

输入选项 [导向(G)/路径(P)/仅横截面(C)/设置(S)] <仅横截面>： //Enter 回车接受仅横截面选项结束命令

三、上机练习

1. 按 1：1 比例绘制如图 8-9(a)~(d)所示拉伸实体。

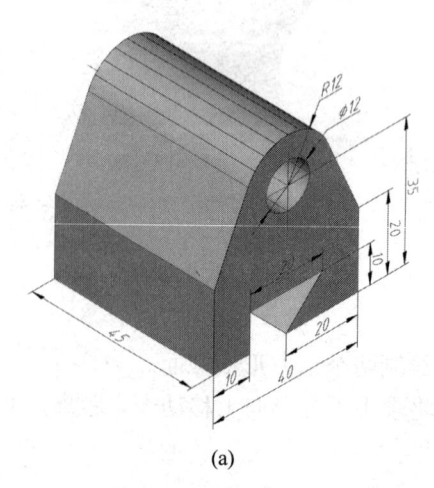

(a)

(b)

(c)

(d)

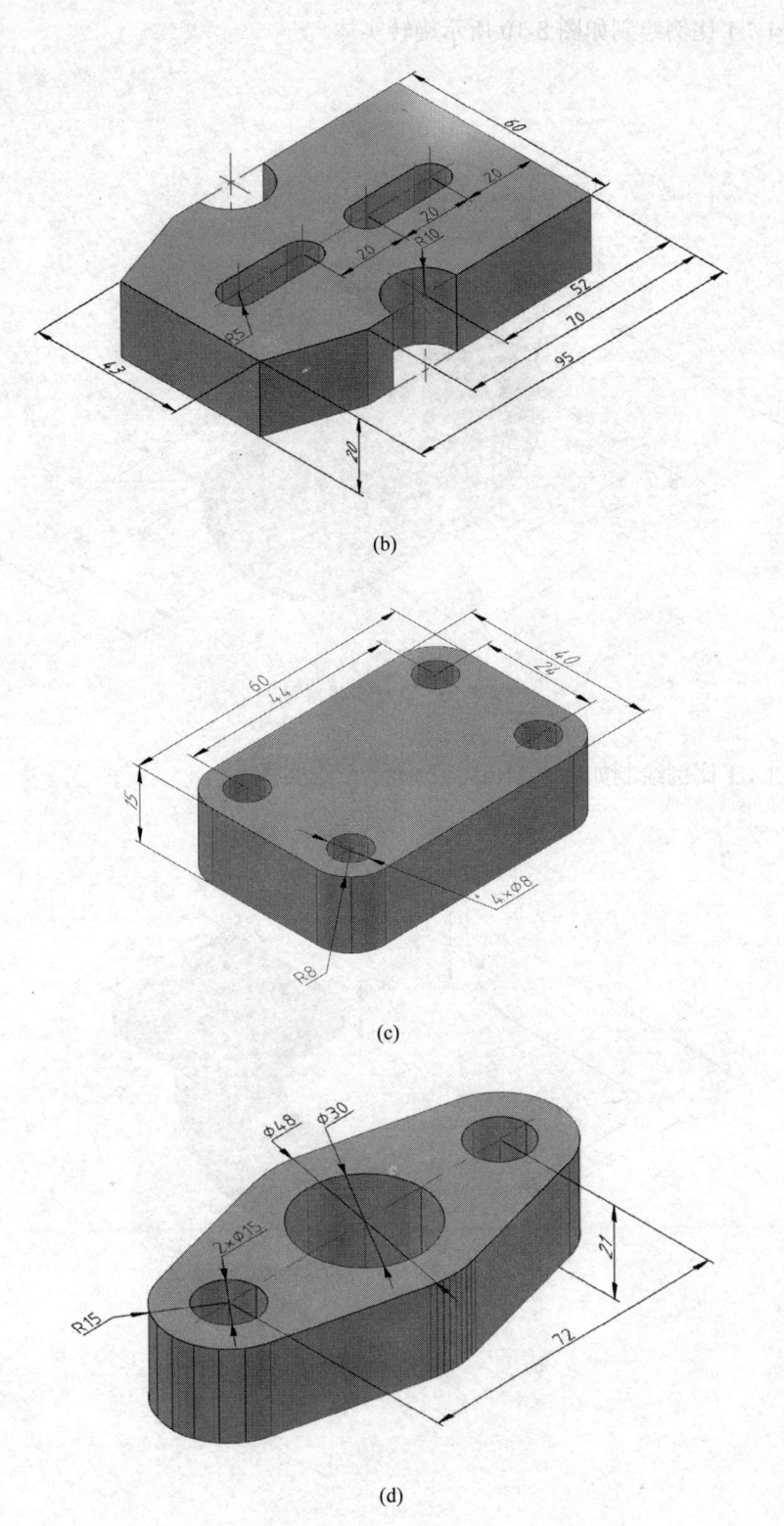

图 8-9 拉伸实体练习

2. 按1∶1比例绘制如图 8-10 所示旋转实体。

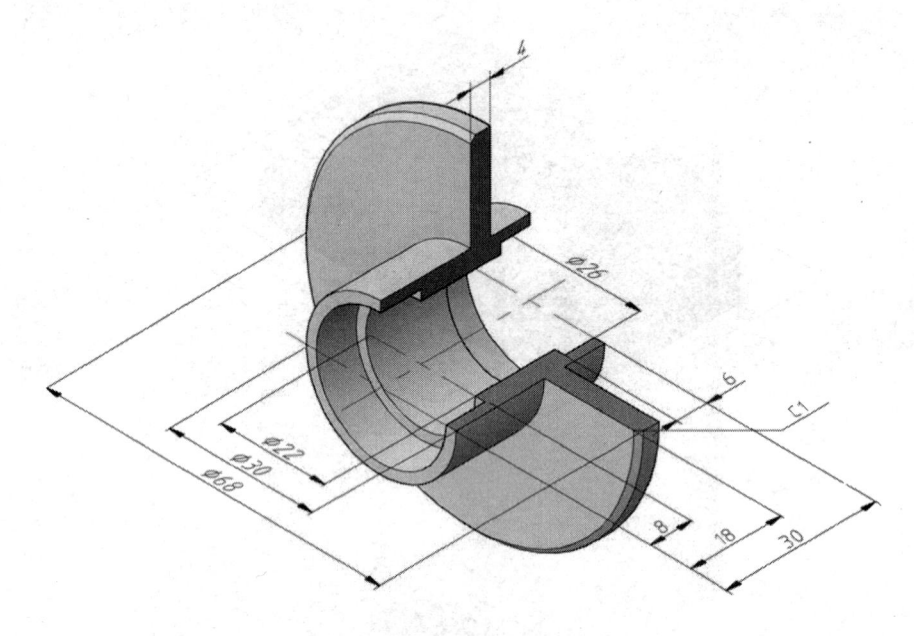

图 8-10 旋转实体练习

3. 按1∶1比例绘制如图 8-11(a)、(b)所示三维实体。

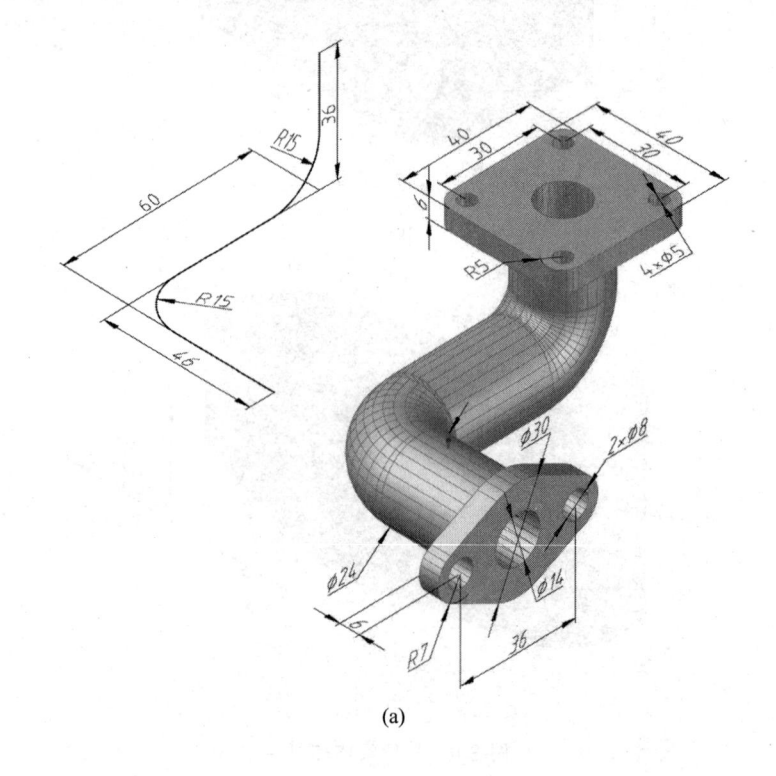

(a)

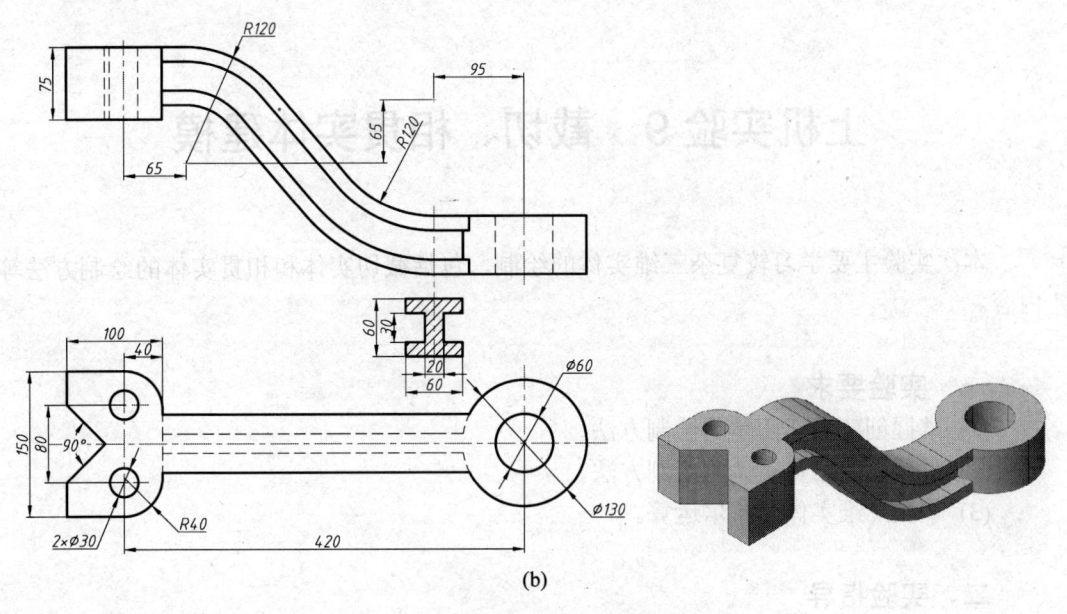

图 8-11 扫掠实体练习

4. 按 1∶1 比例绘制如图 8-12 所示三维实体。

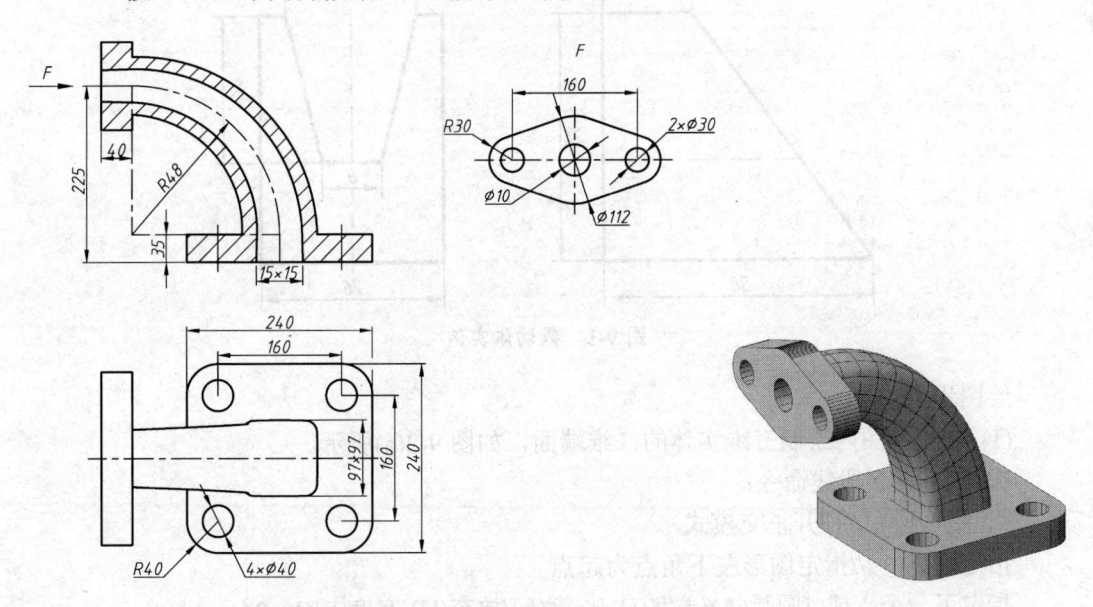

图 8-12 放样实体练习

上机实验9 截切、相贯实体建模

本次实验主要学习较复杂三维实体的绘制，包括截切实体和相贯实体的绘制方法等内容。

一、实验要求
(1) 掌握创建截切实体的绘制方法。
(2) 掌握创建相贯实体的绘制方法。
(3) 掌握三维实体的布尔运算。

二、实验指导
例 9-1 根据图 9-1 所示的主视图和左视图，按 1∶1 比例绘制三维实体。

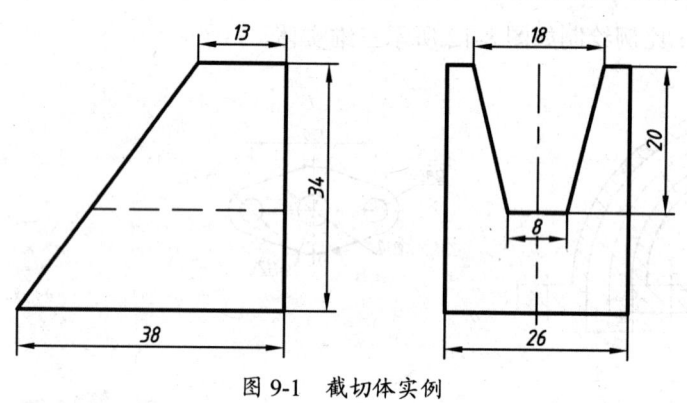

图 9-1 截切体实例

绘图步骤：
(1) 在左视图内绘制三维实体的二维端面，如图 9-2(a)所示。
执行 Pline 多段线命令：
<正交 开> //打开正交模式
指定起点： //指定图形左下角点为起点
指定下一个点或 [圆弧(A)/半宽(H)/长度(L)/放弃(U)/宽度(W)]：34
指定下一点或 [圆弧(A)/闭合(C)/半宽(H)/长度(L)/放弃(U)/宽度(W)]：4
指定下一点或 [圆弧(A)/闭合(C)/半宽(H)/长度(L)/放弃(U)/宽度(W)]：@5,-20
指定下一点或 [圆弧(A)/闭合(C)/半宽(H)/长度(L)/放弃(U)/宽度(W)]：8
指定下一点或 [圆弧(A)/闭合(C)/半宽(H)/长度(L)/放弃(U)/宽度(W)]：@5,20
指定下一点或 [圆弧(A)/闭合(C)/半宽(H)/长度(L)/放弃(U)/宽度(W)]：4
指定下一点或 [圆弧(A)/闭合(C)/半宽(H)/长度(L)/放弃(U)/宽度(W)]：34

指定下一点或 [圆弧(A)/闭合(C)/半宽(H)/长度(L)/放弃(U)/宽度(W)]：c

(2) 将所绘制图形拉伸生成拉伸体，如图 9-2(b)所示。

执行 Extrude 拉伸命令：

选择要拉伸的对象： //选取刚才生成的端面

选择要拉伸的对象:回车 Enter //结束选取

指定拉伸的高度或 [方向(D)/路径(P)/倾斜角(T)]：38

(3) 执行用户坐标系命令 UCS，将坐标系放到如图 9-2(c)所示位置。

执行 Slice 剖切命令：

选择要剖切的对象： //选取三维实体

选择要剖切的对象:回车 Enter //结束选取

指定切面的起点或 [平面对象(O)/曲面(S)/Z 轴(Z)/视图(V)/XY(XY) /YZ (YZ)/ZX(ZX)/三点(3)] <三点>：0,0,0 //设置用于定义剖切平面的角度的两个点中的第一点。剖切平面与当前 UCS 坐标系的 XY 平面垂直

指定平面上的第二个点：25,34,0 //在剖切平面上设置两个点中的第二点

在所需的侧面上指定点或 [保留两个侧面(B)] <保留两个侧面>：//鼠标点取保留侧面任意点

最后结果如图 9-2(d)所示。

注意：使用 SLICE 命令剖切三维实体时，可以通过多种方法定义剪切平面。例如，可以指定三个点、一条轴、一个曲面或一个平面对象以用作剪切平面。默认剖切平面与当前 UCS 坐标系的 XY 平面垂直，所以只需要指定两个点即可。

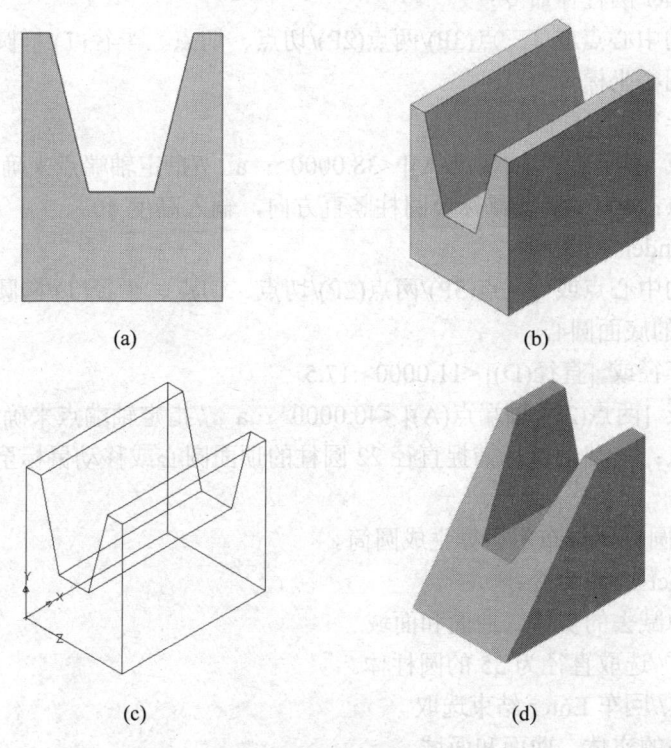

图 9-2 截切体三维实体

例 9-2 根据图 9-3 所示的主视图和俯视图，按 1∶1 比例绘制三维实体。

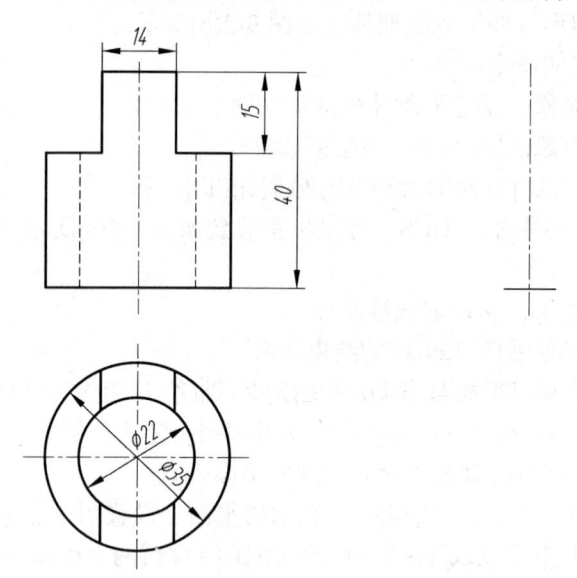

图 9-3 相贯体实例

绘图步骤：

(1) 按照所给视图大小，绘制两个圆柱体。

命令：<正交 开> //打开正交模式

执行 Cylinder 圆柱体命令：

指定底面的中心点或 [三点(3P)/两点(2P)/切点、切点、半径(T)/椭圆(E)]： //鼠标单击或输入底面圆心坐标

指定底面半径或 [直径(D)]：11

指定高度或 [两点(2P)/轴端点(A)] <38.0000>：a //指定轴端点来确定圆柱拉伸方向

指定轴端点：40 //移动鼠标至圆柱竖直方向，输入高度 40

命令：Cylinder

指定底面的中心点或 [三点(3P)/两点(2P)/切点、切点、半径(T)/椭圆(E)]： //鼠标捕捉直径 22 圆柱的底面圆心

指定底面半径或 [直径(D)] <11.0000>:17.5

指定高度或 [两点(2P)/轴端点(A)] <40.0000>：a //指定轴端点来确定圆柱拉伸方向

指定轴端点： //移动鼠标捕捉直径 22 圆柱的顶面圆心或移动鼠标至圆柱竖直方向，输入高度 40

(2) 对两个圆柱体做布尔运算生成圆筒。

执行 Subtract 差集命令：

选择要从中减去的实体、曲面和面域…

选择对象：//选取直径为 35 的圆柱体

选择对象：//回车 Enter 结束选取

选择要减去的实体、曲面和面域…

110

选择对象：//选取直径为 22 的圆柱体

选择对象：//回车 Enter 结束选取

(3) 构造参与布尔运算差集的三维实体。

构造图 9-4(a)所示的面域，并将面域拉伸成实体，高度不小于 35。注意尺寸 14 和 15 不能改变，其余可以自己调整大小即可。

将拉伸立体移到圆筒上方，注意移动时拉伸立体的基点选取，如图 9-4(b)所示。

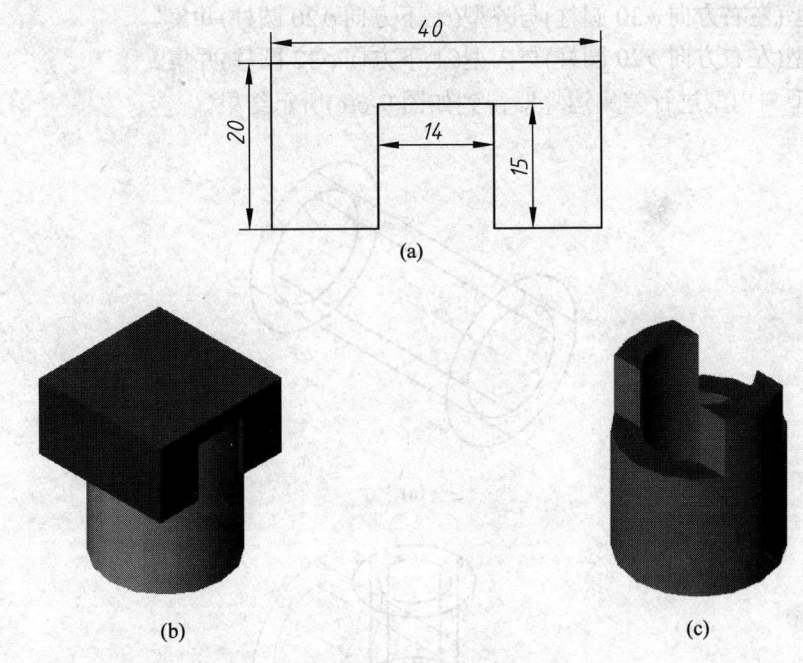

图 9-4 相贯体三维实体

将圆筒和构造立体做布尔运算差集即可得到最后结果，如图 9-4(c)所示。

例 9-3　根据图 9-5 所示的左视图和俯视图，按 1∶1 比例绘制三维实体。

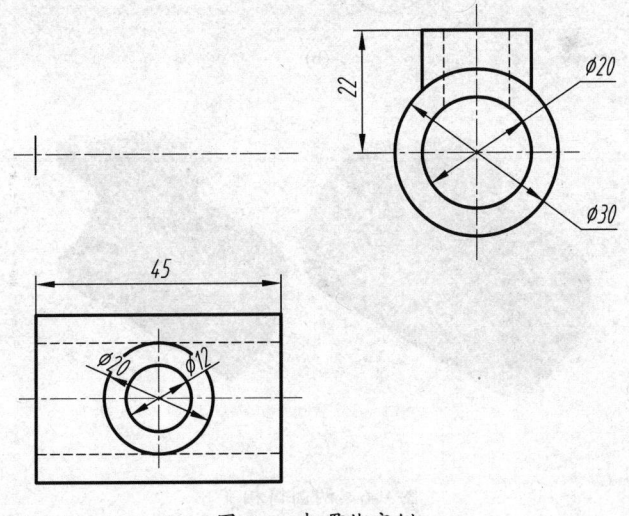

图 9-5　相贯体实例

绘图步骤：

(1) 绘制两个左右方向、直径分别为$\phi 20$和$\phi 30$、高为45的圆柱体，并用直线命令绘制圆柱的轴线，如图9-6(a)所示。

(2) 绘制两个上下方向、直径分别为$\phi 20$和$\phi 12$、高为22的圆柱体，注意圆柱的底面圆心为水平轴线的中点，如图9-6(b)所示。

(3) 进行布尔运算：

① 外型(左右方向$\phi 30$圆柱)与外型(上下方向$\phi 20$圆柱)并集。

② 内型(左右方向$\phi 20$圆柱)与内型(上下方向$\phi 12$圆柱)并集。

③ 外型与内型进行差集运算即得到如图9-6(c)所示结果。

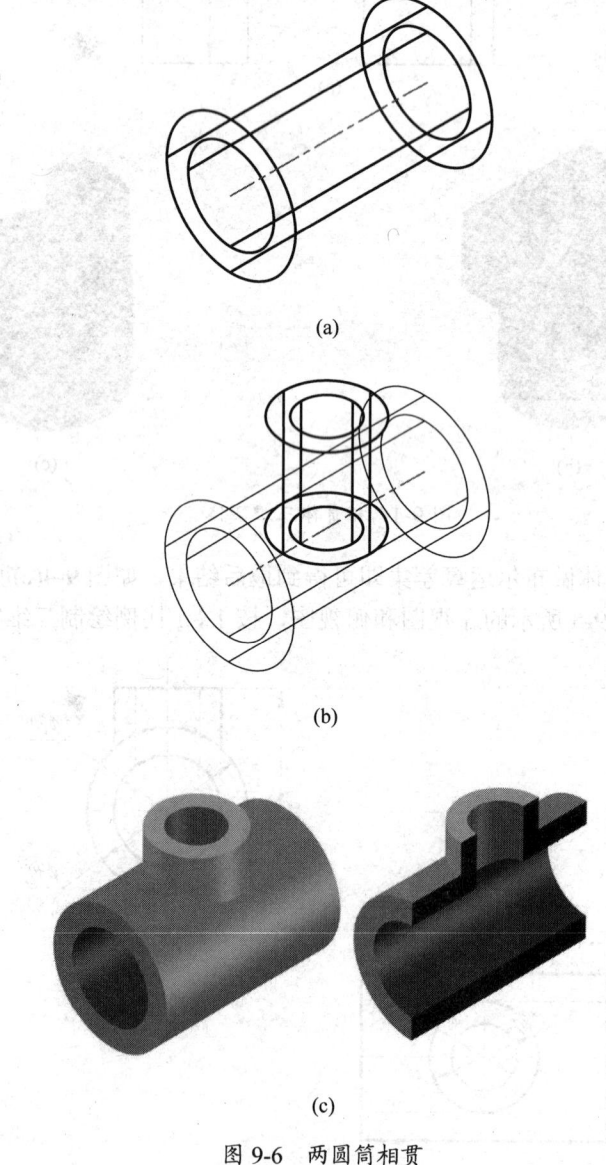

(a)

(b)

(c)

图 9-6 两圆筒相贯

三、上机练习

1. 根据图 9-7(a)～(c)所示的两视图，按 1:1 比例绘制三维实体，并补画第三视图。

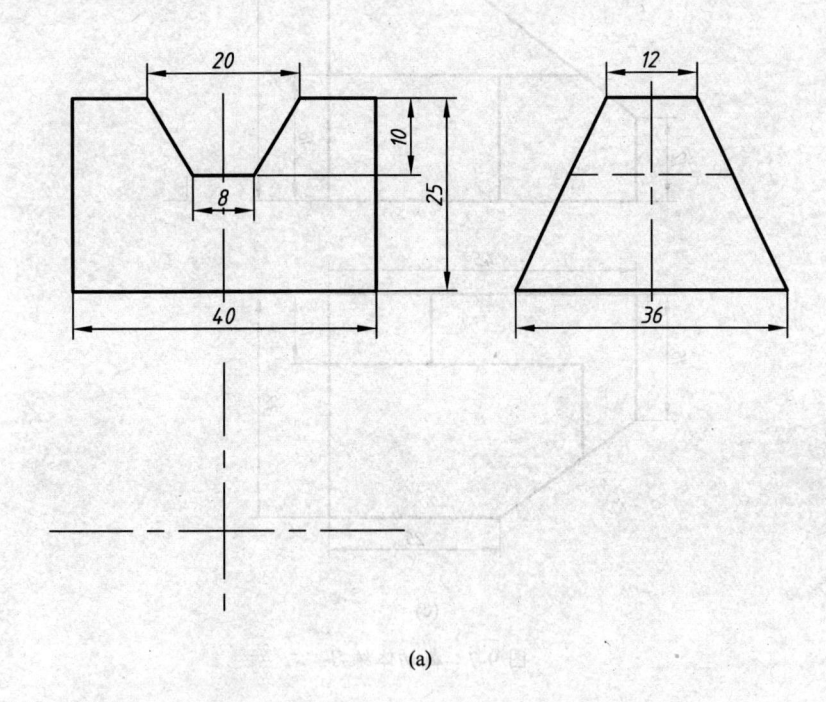

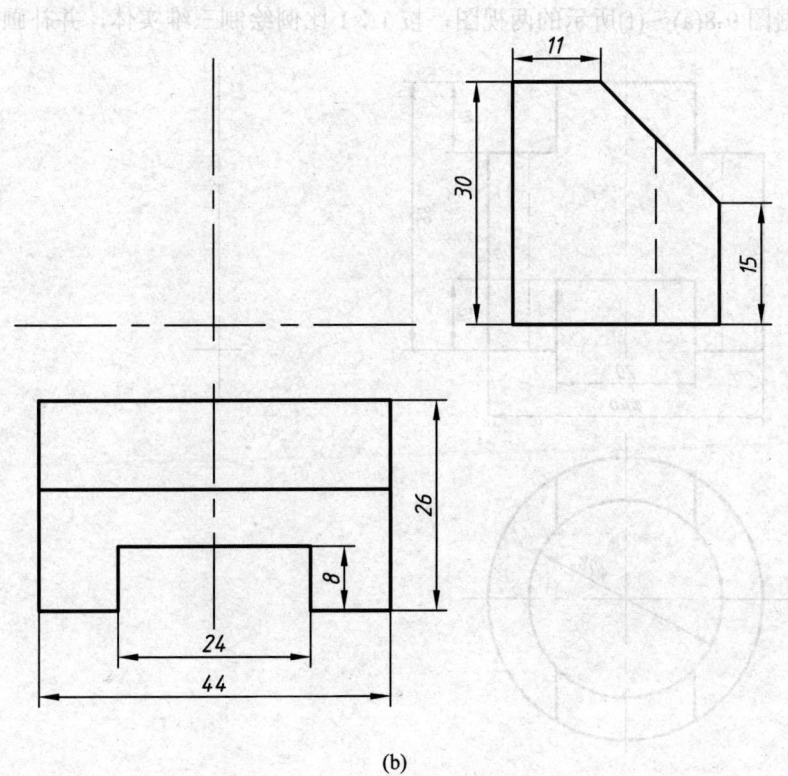

(a)

(b)

113

(c)

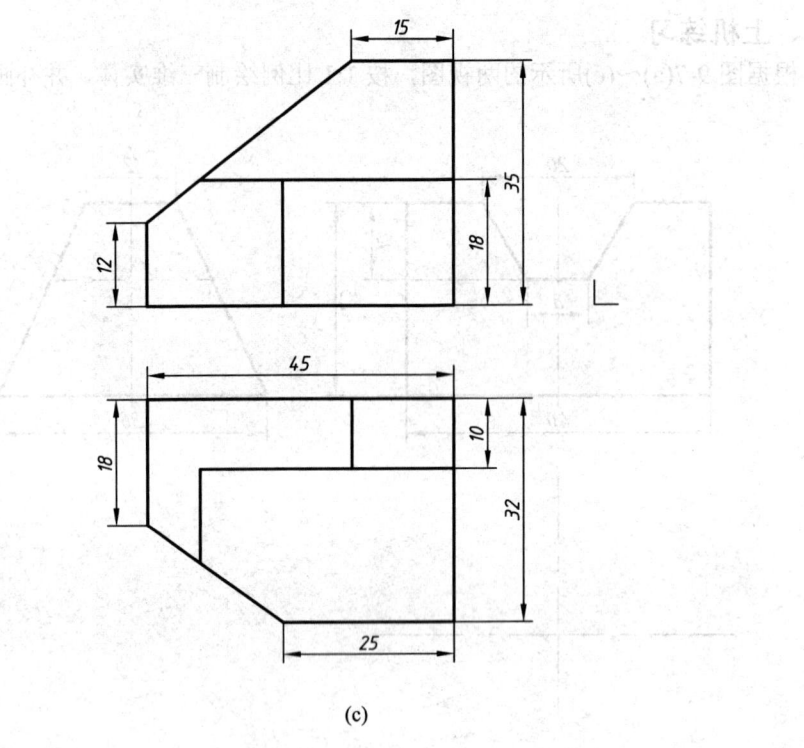

图 9-7 截切体练习

2. 根据图 9-8(a)～(f)所示的两视图，按 1∶1 比例绘制三维实体，并补画第三视图。

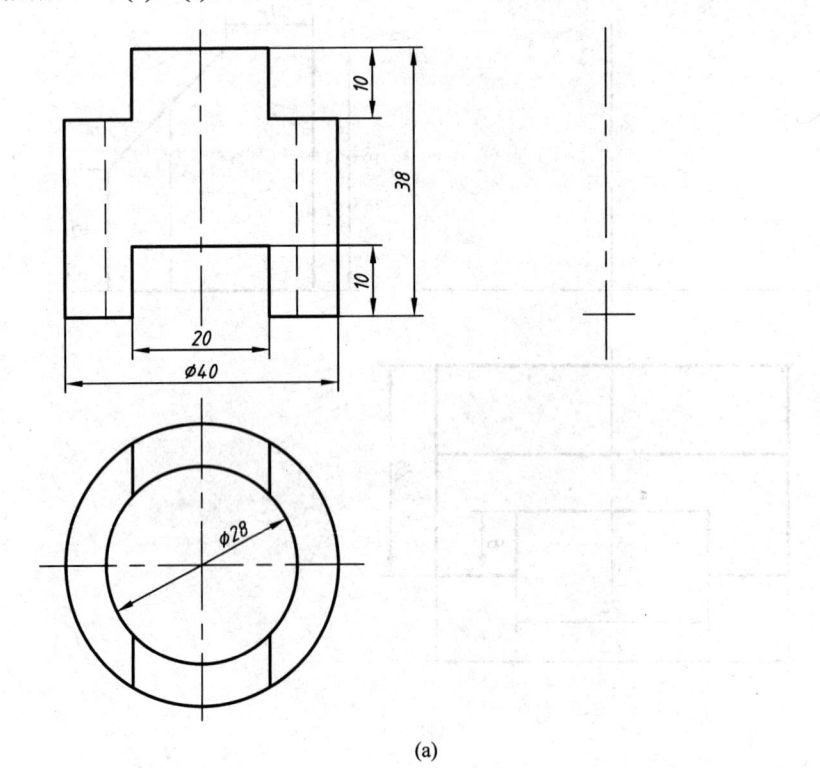

(a)

114

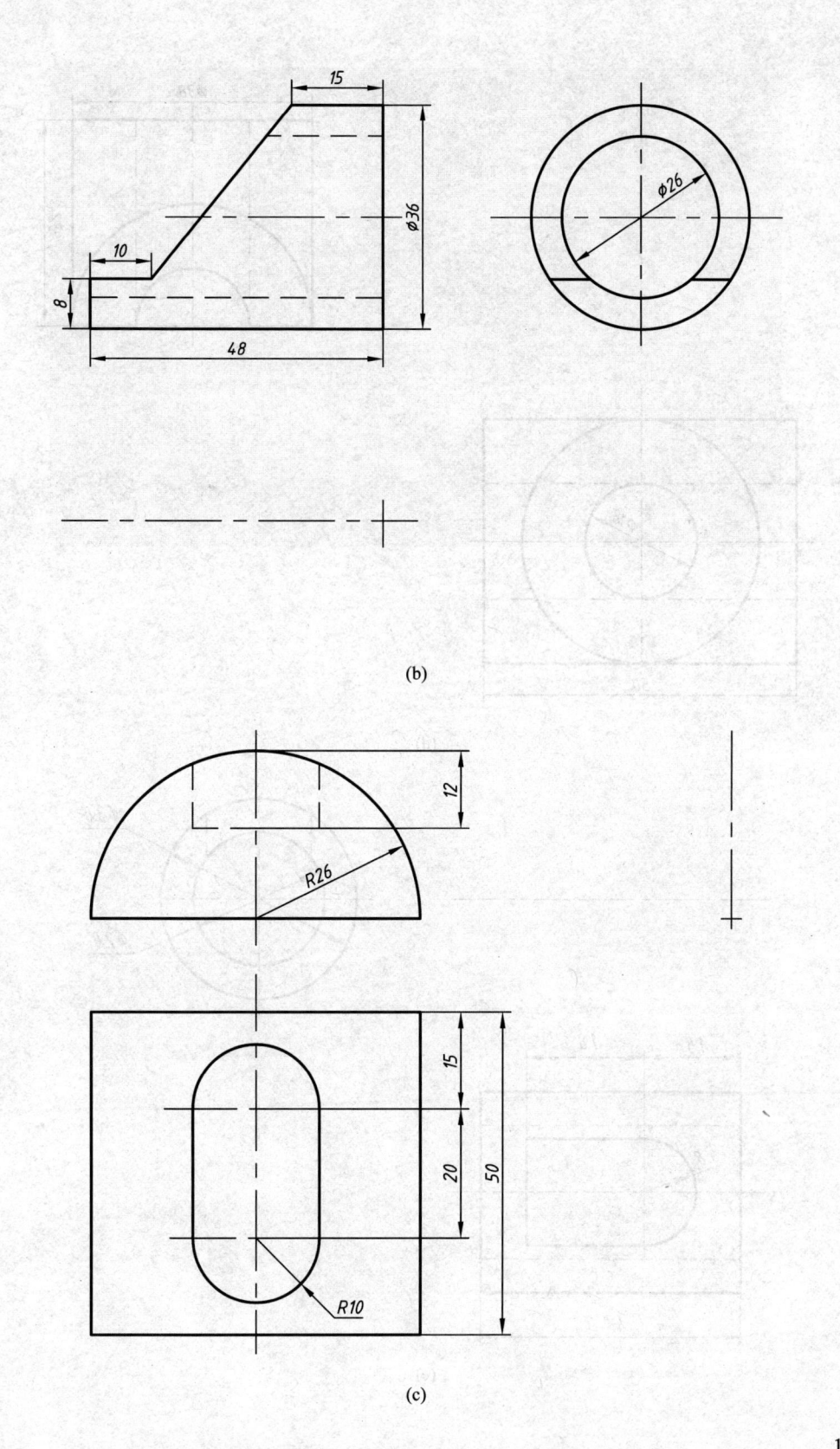

(b)

(c)

115

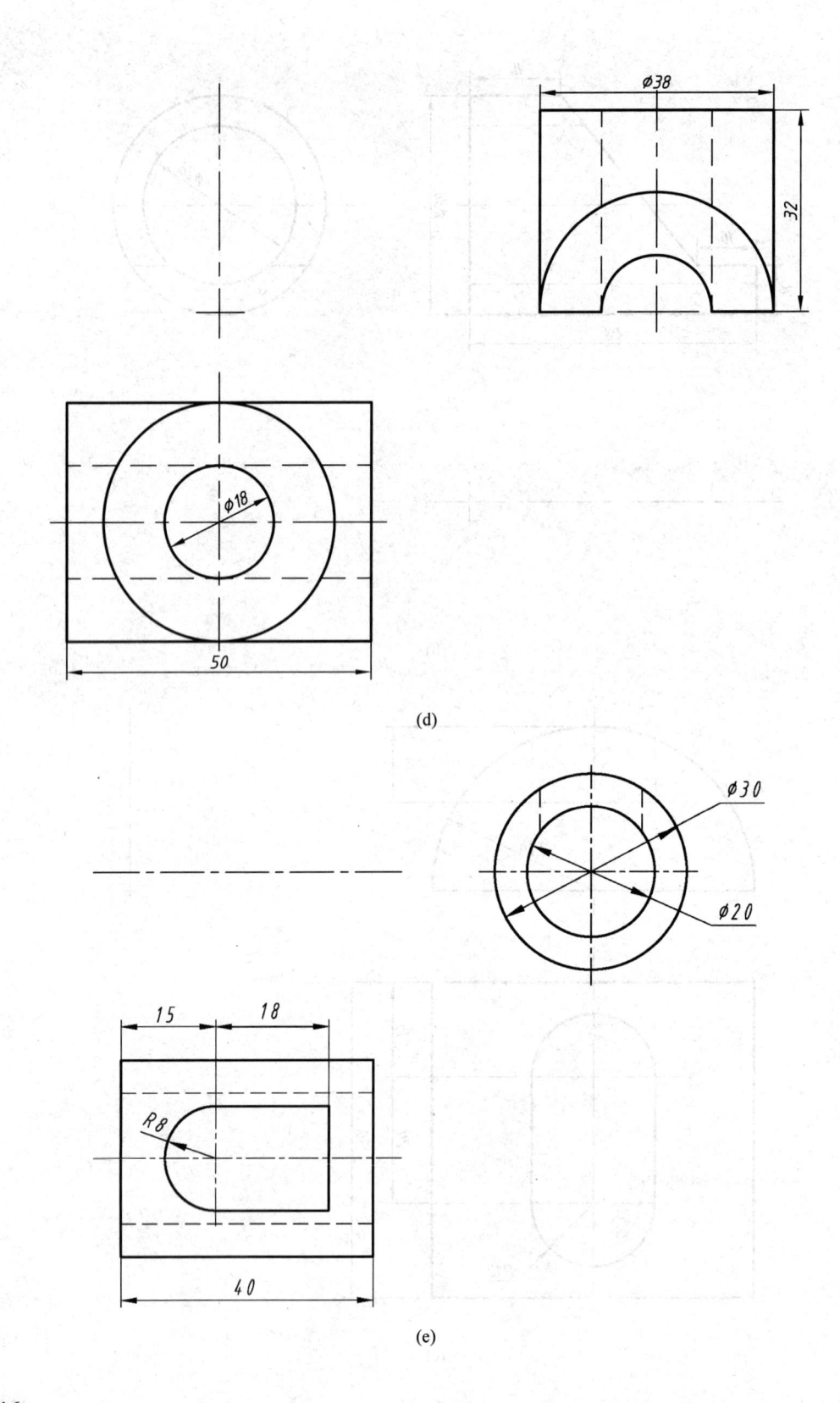

(d)

(e)

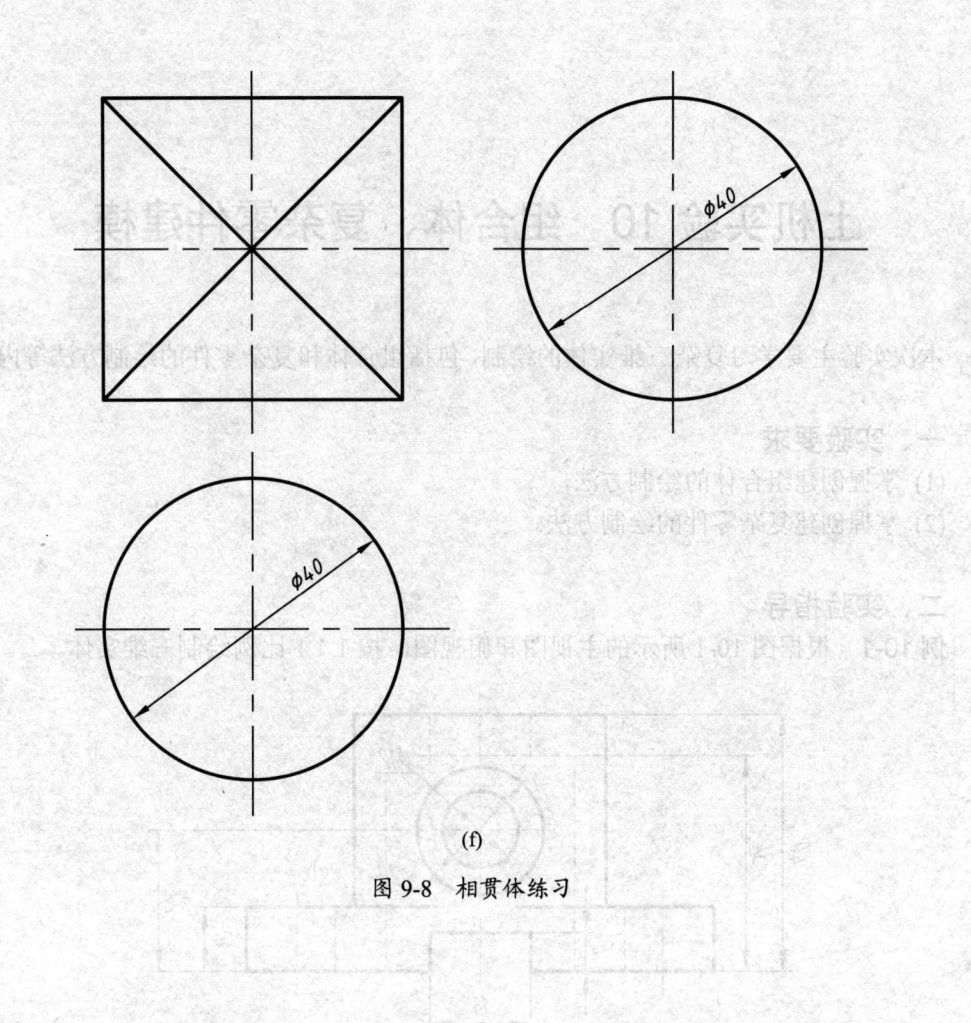

(f)

图 9-8 相贯体练习

117

上机实验 10 组合体、复杂零件建模

本次实验主要学习复杂三维实体的绘制,包括组合体和复杂零件的绘制方法等内容。

一、实验要求
(1) 掌握创建组合体的绘制方法。
(2) 掌握创建复杂零件的绘制方法。

二、实验指导
例 10-1 根据图 10-1 所示的主视图和俯视图,按 1∶1 比例绘制三维实体。

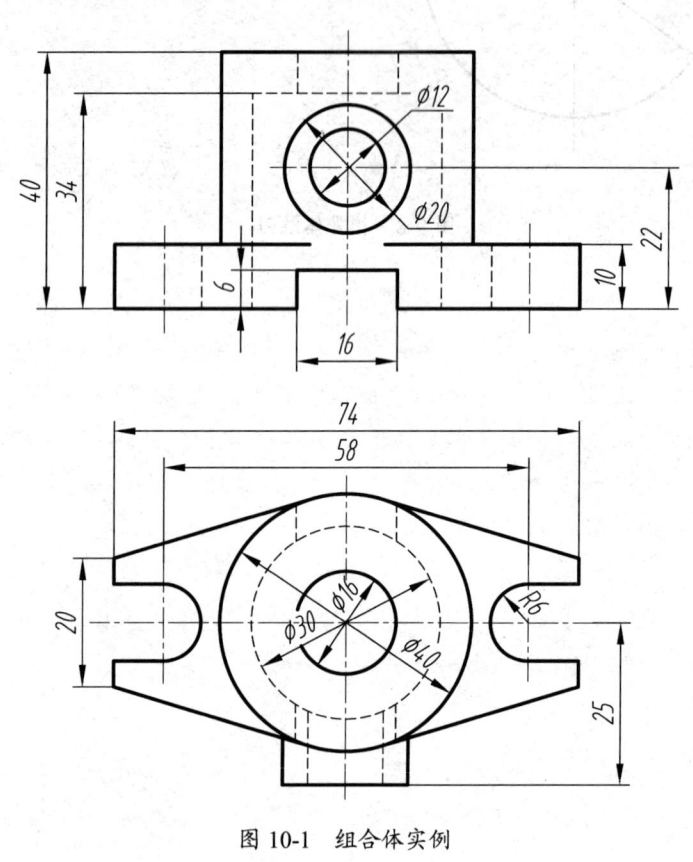

图 10-1 组合体实例

绘图步骤:

(1) 在俯视图中根据组合体尺寸绘制如图 10-2 所示的二维图形,并将其转换为面域。

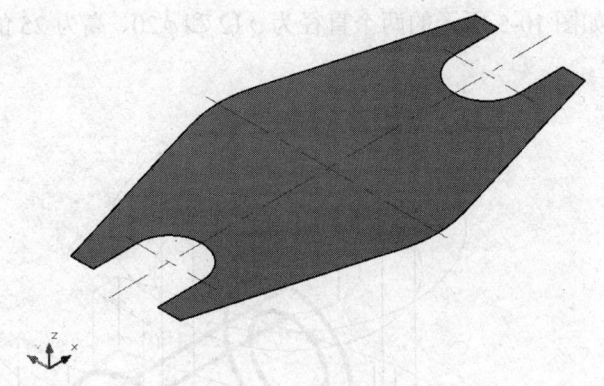

图 10-2 绘制底板端面

(2) 将图 10-2 面域拉伸高度为 10，如图 10-3 所示。

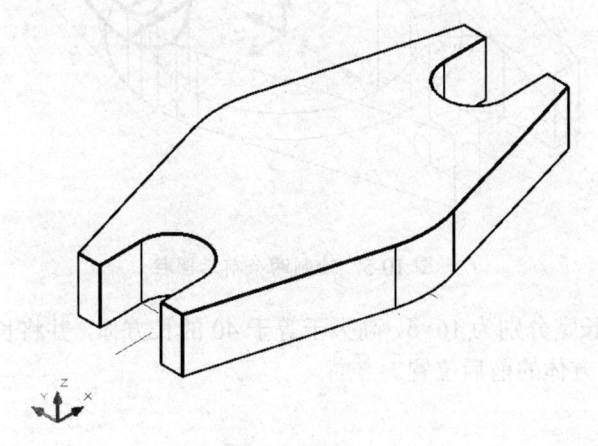

图 10-3 拉伸底板

(3) 依次创建如图 10-4 所示的三个直径分别为 $\phi40$、$\phi30$ 和 $\phi16$、高度分别为 40、34 和 6 的圆柱体，注意三个圆柱的相对位置。

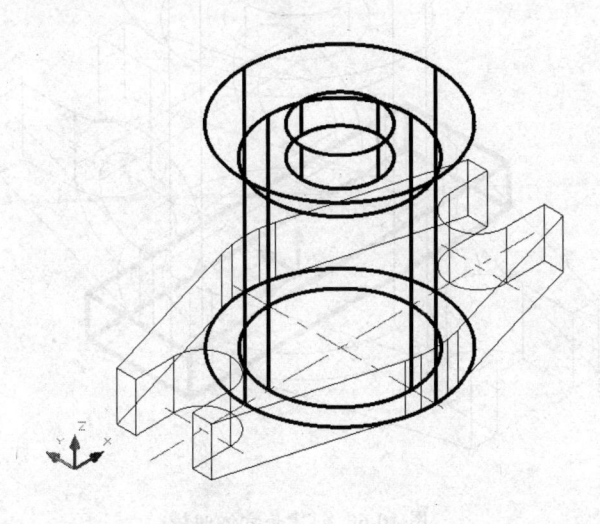

图 10-4 绘制三个竖直圆柱

119

(4) 依次创建如图 10-5 所示的两个直径为 ϕ12 和 ϕ20、高为 25 的圆柱体,注意两个圆柱的方向和位置。

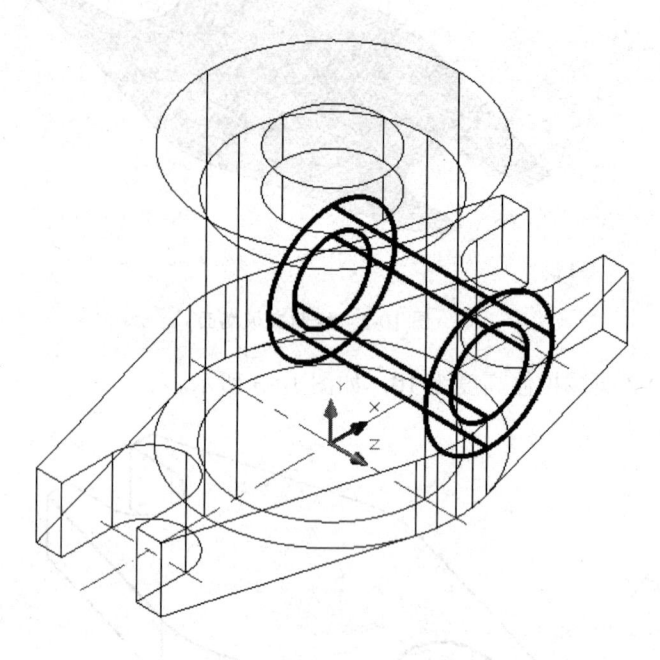

图 10-5 绘制两个前后圆柱

(5) 创建一个长宽分别为 16×6、高大于等于 40 的长方体,并将长方体移动至图 10-6 所示位置,注意长方体的前后位置。

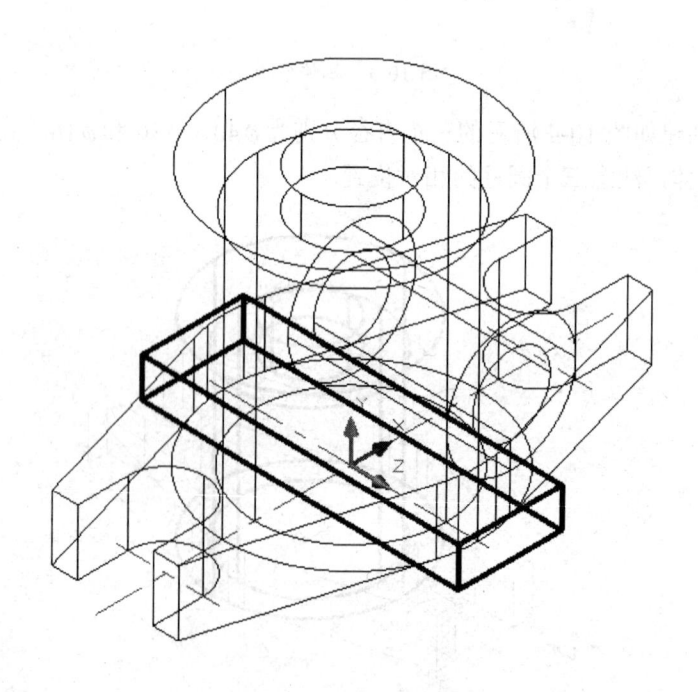

图 10-6 创建长方体凹槽

(6) 进行布尔运算。

① 将外型实体(底板、φ40×40 圆柱、φ20×25 圆柱)进行并集运算。

② 将内型实体(φ30×34，φ16×6 和 φ12×25 圆柱以及 16×6 长方体)进行并集运算。

③ 将外型实体与内型实体进行差集运算，形成的最后组合体如图 10-7 所示。

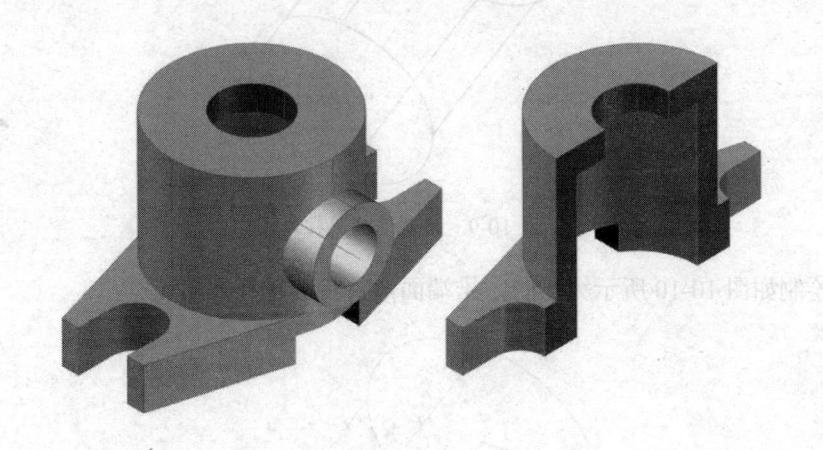

图 10-7　组合体三维模型

例 10-2　根据图 10-8 所示尺寸按 1∶1 比例绘制三维实体。

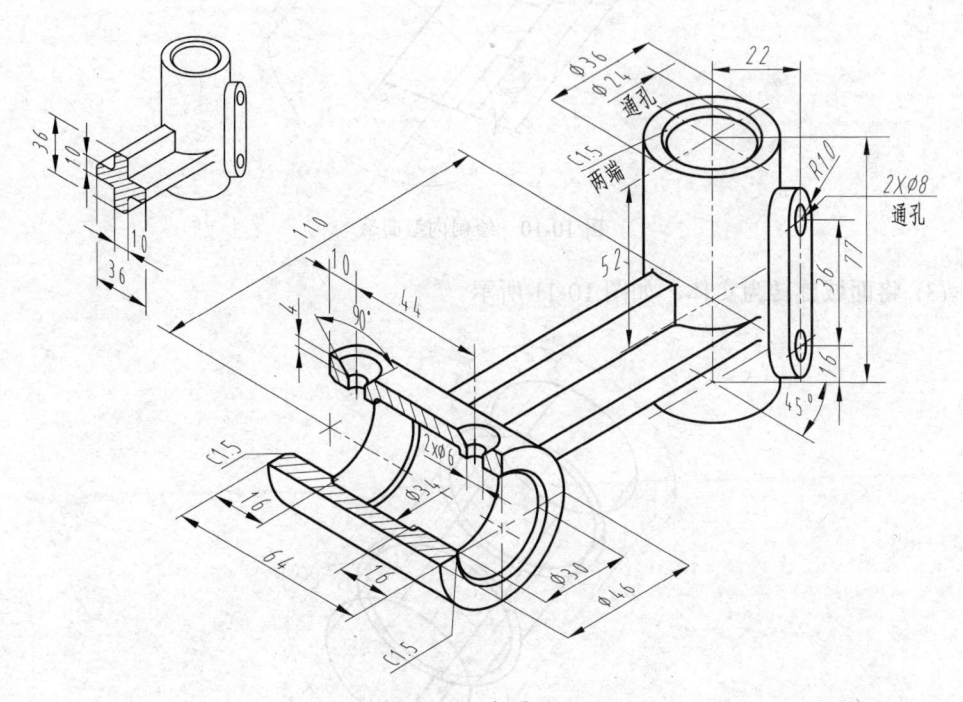

图 10-8　连杆零件练习

绘图步骤：

(1) 绘制连杆左端直径 φ46、高 64 的圆柱体，并绘制圆柱的轴线，如图 10-9 所示。

121

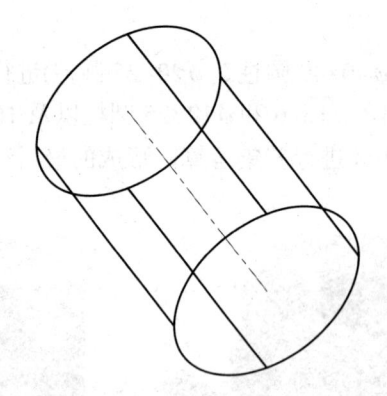

图 10-9　绘制左端圆柱体

(2) 绘制如图 10-10 所示大小的二维端面，并将其转换为面域。

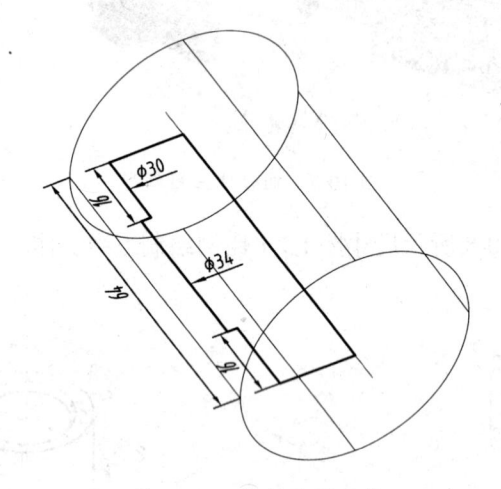

图 10-10　绘制内型面域

(3) 将面域旋转为实体，如图 10-11 所示。

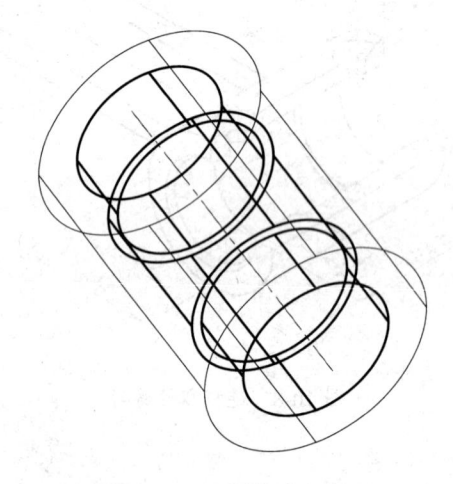

图 10-11　旋转面域成实体

122

(4) 绘制如图 10-12 所示二维端面，并将其转换为面域，旋转为实体。

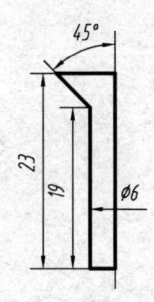

图 10-12 绘制圆锥沉孔

(5) 将圆锥沉孔实体移动至如图 10-13 所示位置。

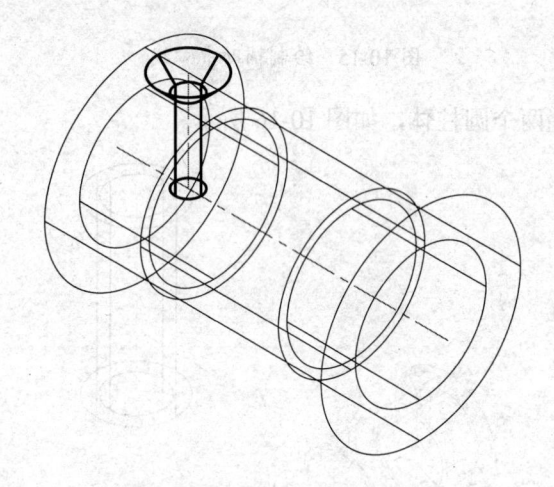

图 10-13 移动圆锥沉孔实体

(6) 将圆锥沉孔实体复制到如图 10-14 所示位置。

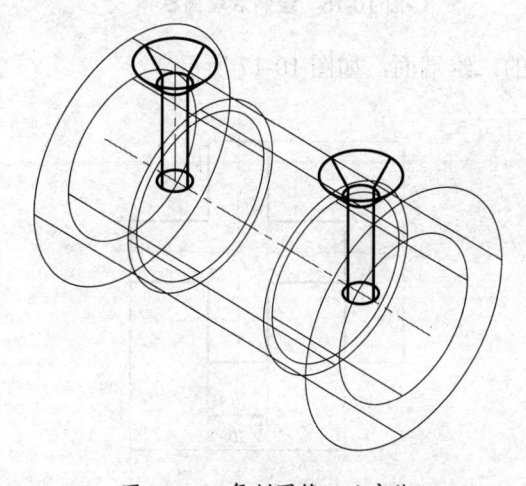

图 10-14 复制圆锥沉孔实体

(7) 绘制辅助中心线，如图 10-15 所示。

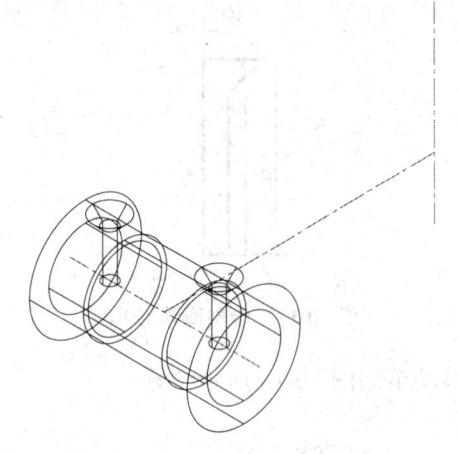

图 10-15　绘制辅助中心线

(8) 绘制连杆右端两个圆柱体，如图 10-16 所示。

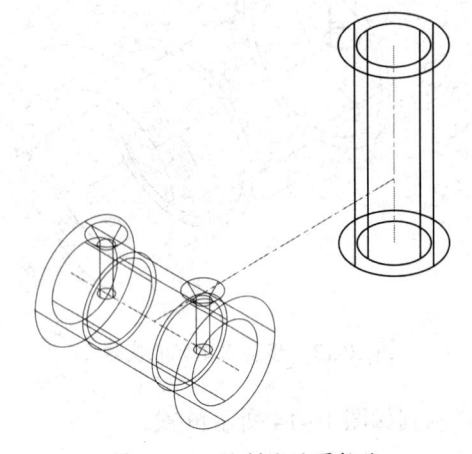

图 10-16　绘制右端圆柱体

(9) 绘制连接肋板的二维端面，如图 10-17 所示。

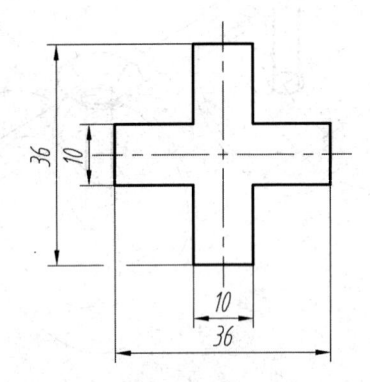

图 10-17　绘制连接肋板端面

(10) 将二维端面拉伸或扫掠成实体,如图 10-18 所示。

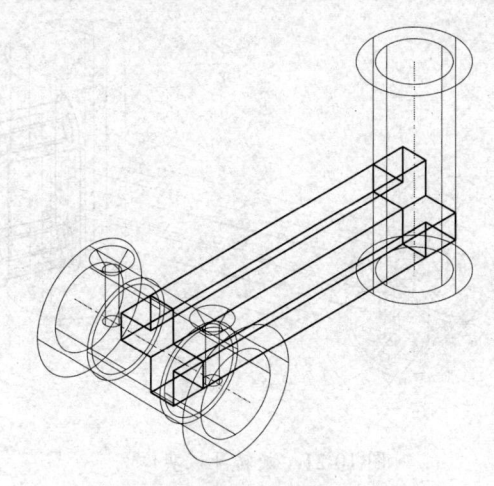

图 10-18 绘制连接肋板

(11) 绘制右端耳板的端面,如图 10-19 所示,注意不要进行布尔运算。

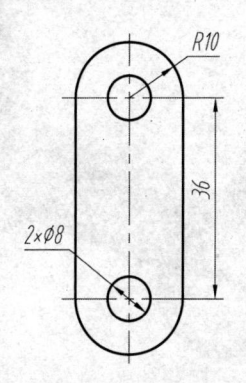

图 10-19 绘制右端耳板端面

(12) 将二维端面拉伸成实体,如图 10-20 所示。

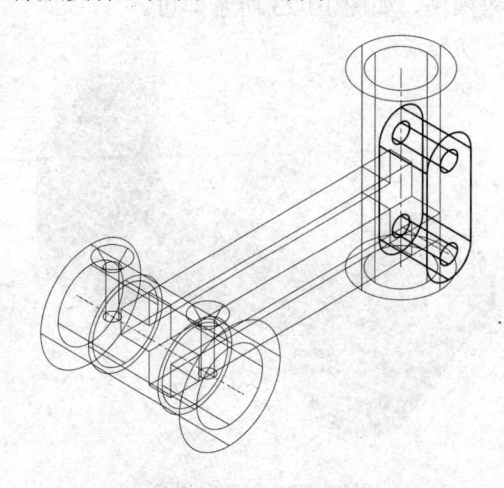

图 10-20 移动右端耳板端面

125

(13) 利用三维旋转功能将耳板实体沿竖直轴线旋转 45°，如图 10-21 所示。

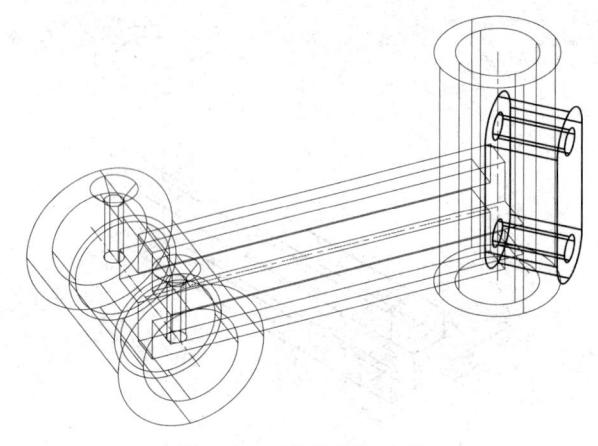

图 10-21　旋转耳板实体

(14) 进行布尔运算，生成连杆实体，如图 10-22 所示。

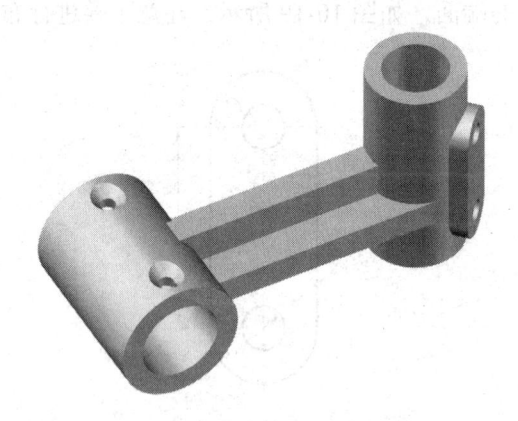

图 10-22　布尔运算

(15) 添加倒角和圆角操作，如图 10-23 所示即可。

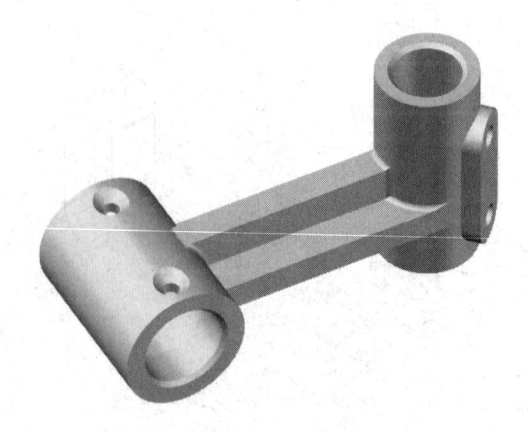

图 10-23　倒角和圆角

三、上机练习

1. 根据图 10-24 所示组合体的两视图，按 1:1 比例绘制三维实体并补画第三视图。

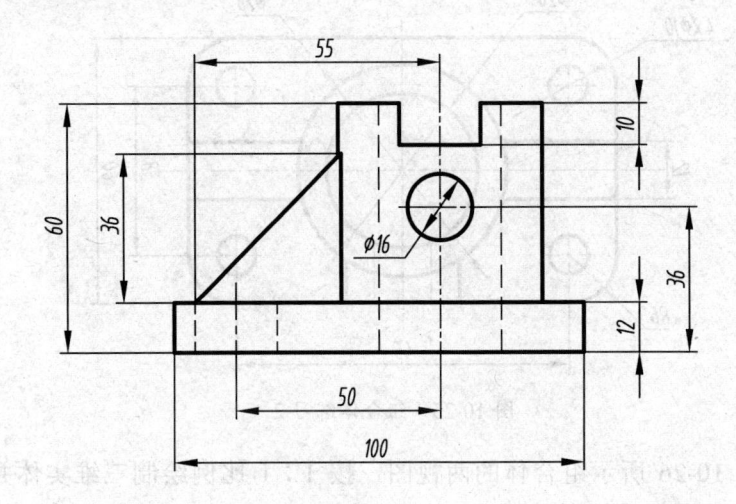

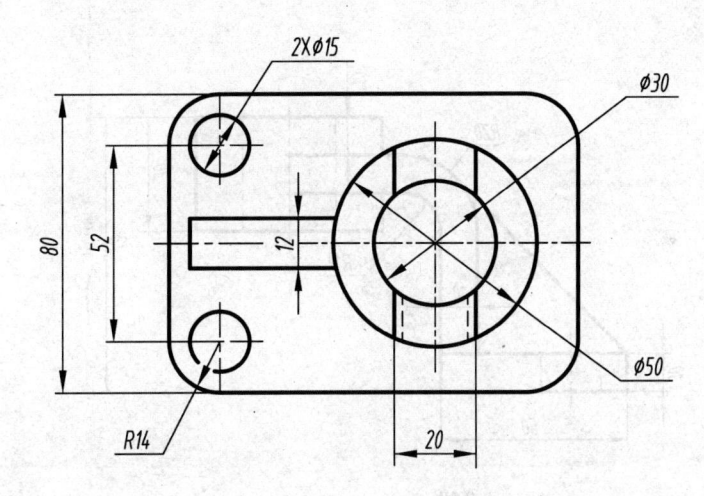

图 10-24　组合体练习 1

2. 根据图 10-25 所示组合体的两视图，按 1:1 比例绘制三维实体并补画第三视图。

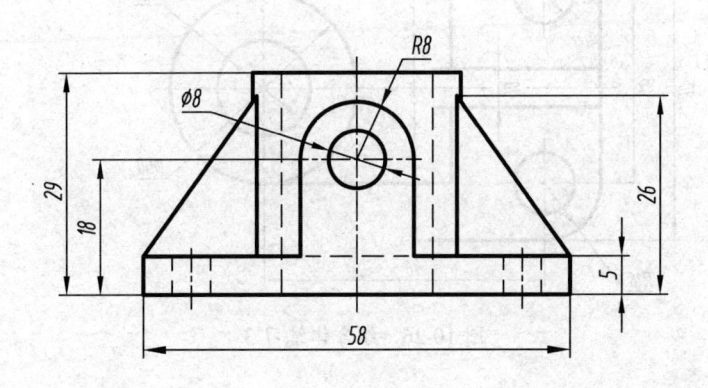

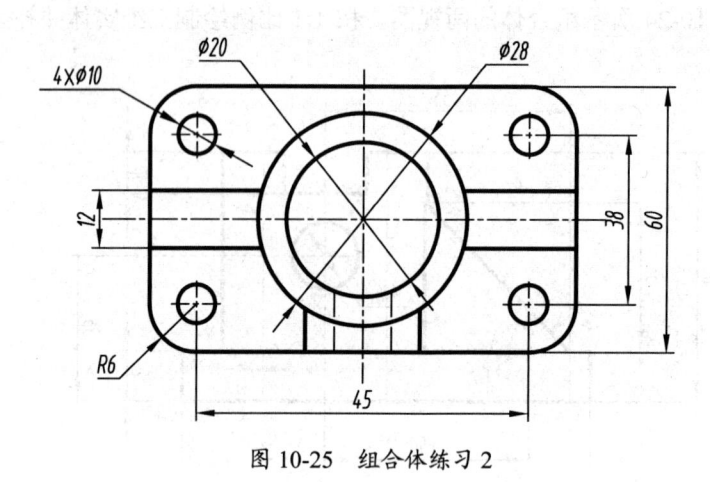

图 10-25　组合体练习 2

3. 根据图 10-26 所示组合体的两视图，按 1∶1 比例绘制三维实体并补画第三视图。

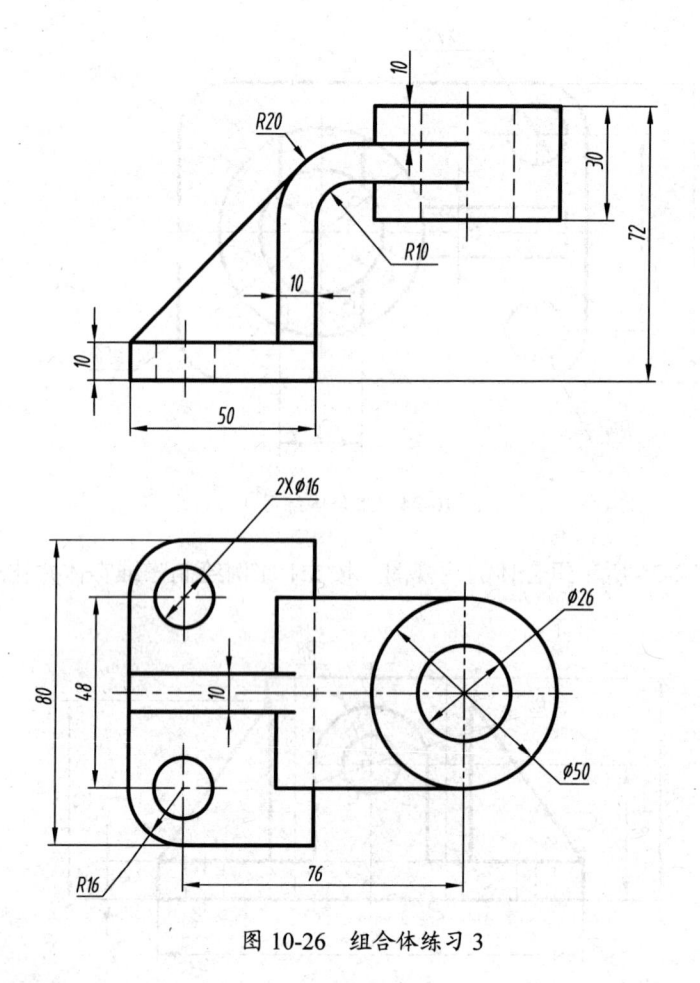

图 10-26　组合体练习 3

4. 根据图 10-27 所示组合体的两视图，按 1∶1 比例绘制三维实体并补画第三视图。

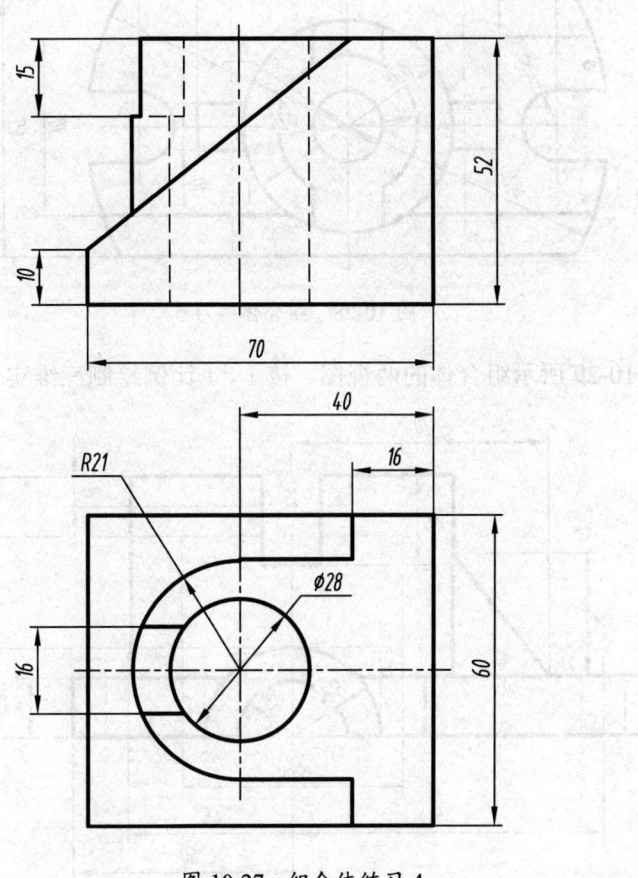

图 10-27　组合体练习 4

5. 根据图 10-28 所示组合体的两视图，按 1:1 比例绘制三维实体并补画第三视图。

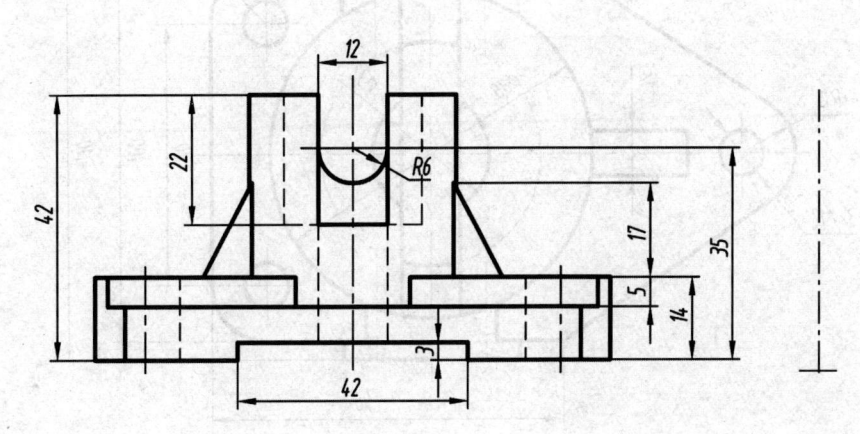

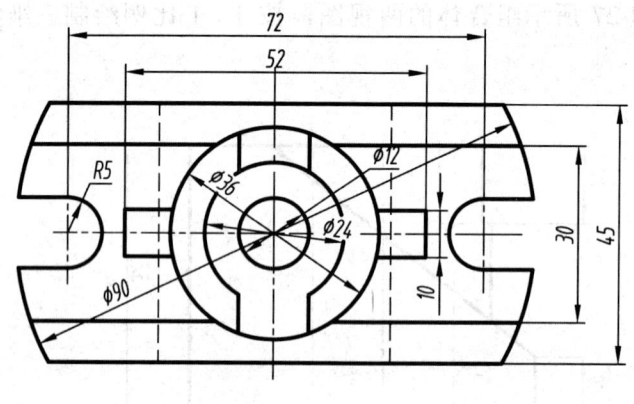

图 10-28　组合体练习 5

6. 根据图 10-29 所示组合体的两视图，按 1∶1 比例绘制三维实体并补画第三视图。

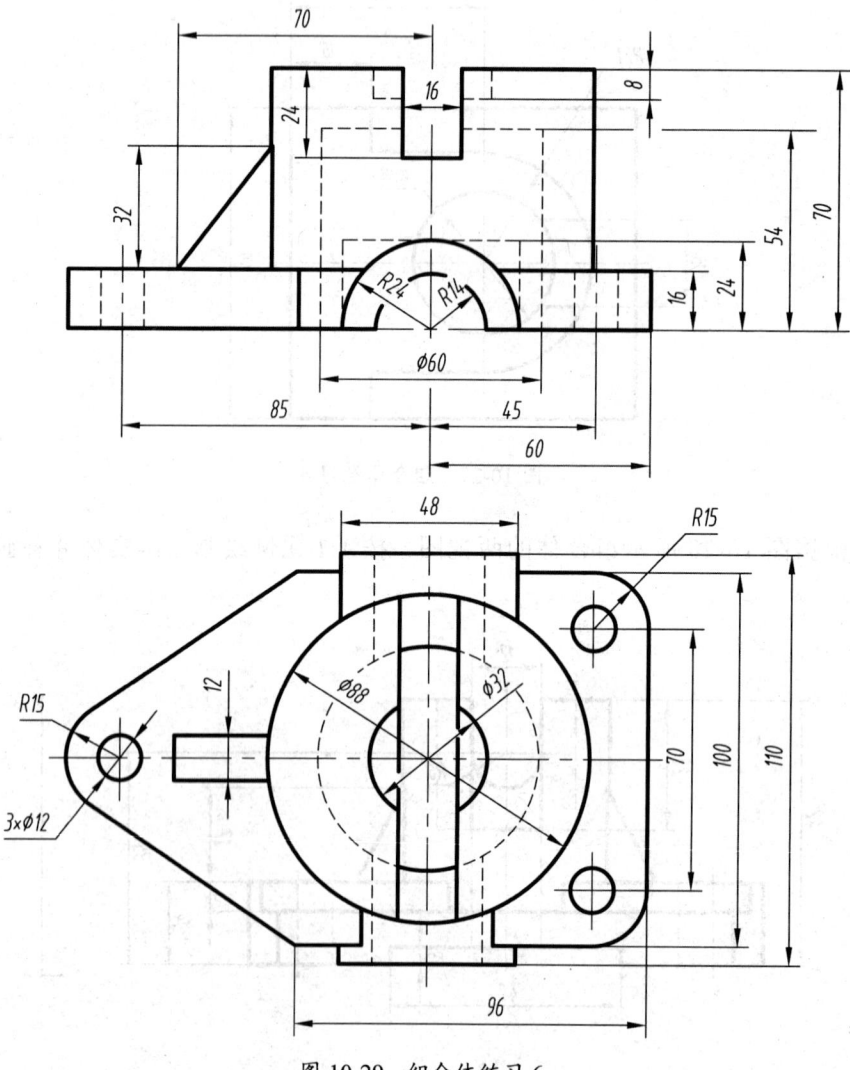

图 10-29　组合体练习 6

7. 根据图 10-30 所示轴承盖零件的两视图，按 1:1 比例绘制三维实体。

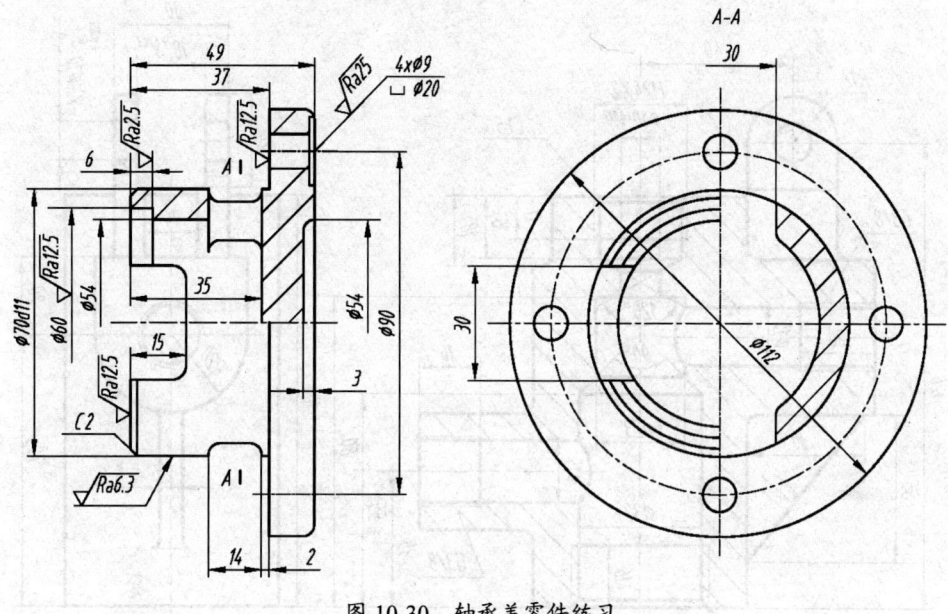

图 10-30 轴承盖零件练习

8. 根据图 10-31 所示托架零件的已知视图，按 1:1 比例绘制三维实体。

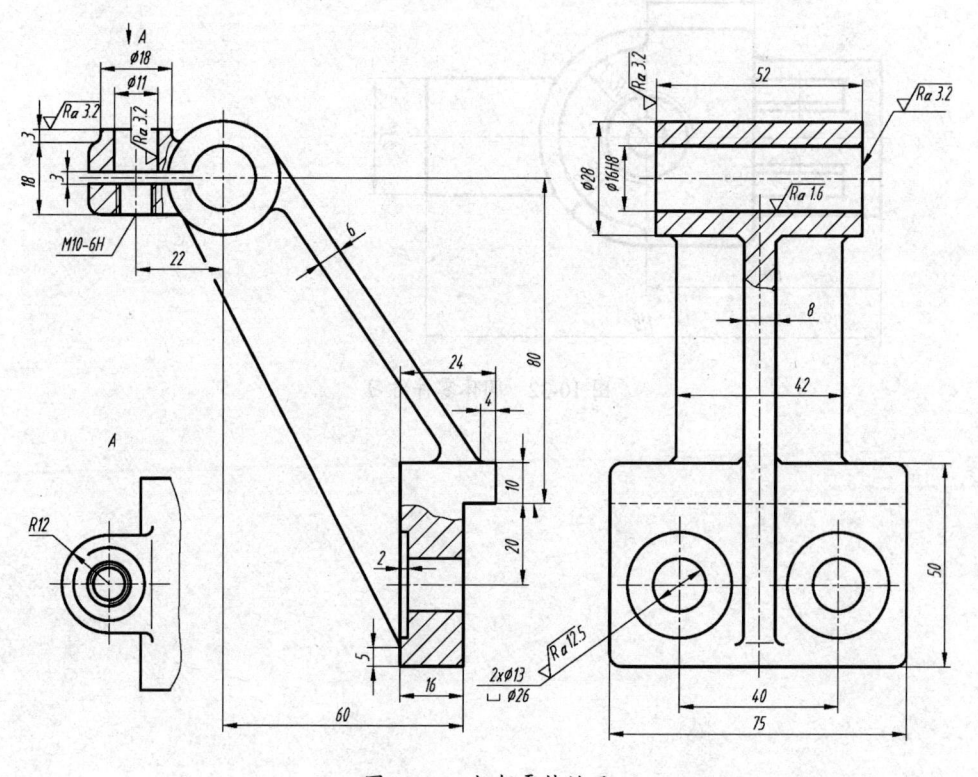

图 10-31 托架零件练习

131

9. 根据图 10-32 所示阀体零件的三视图，按 1∶1 比例绘制三维实体。

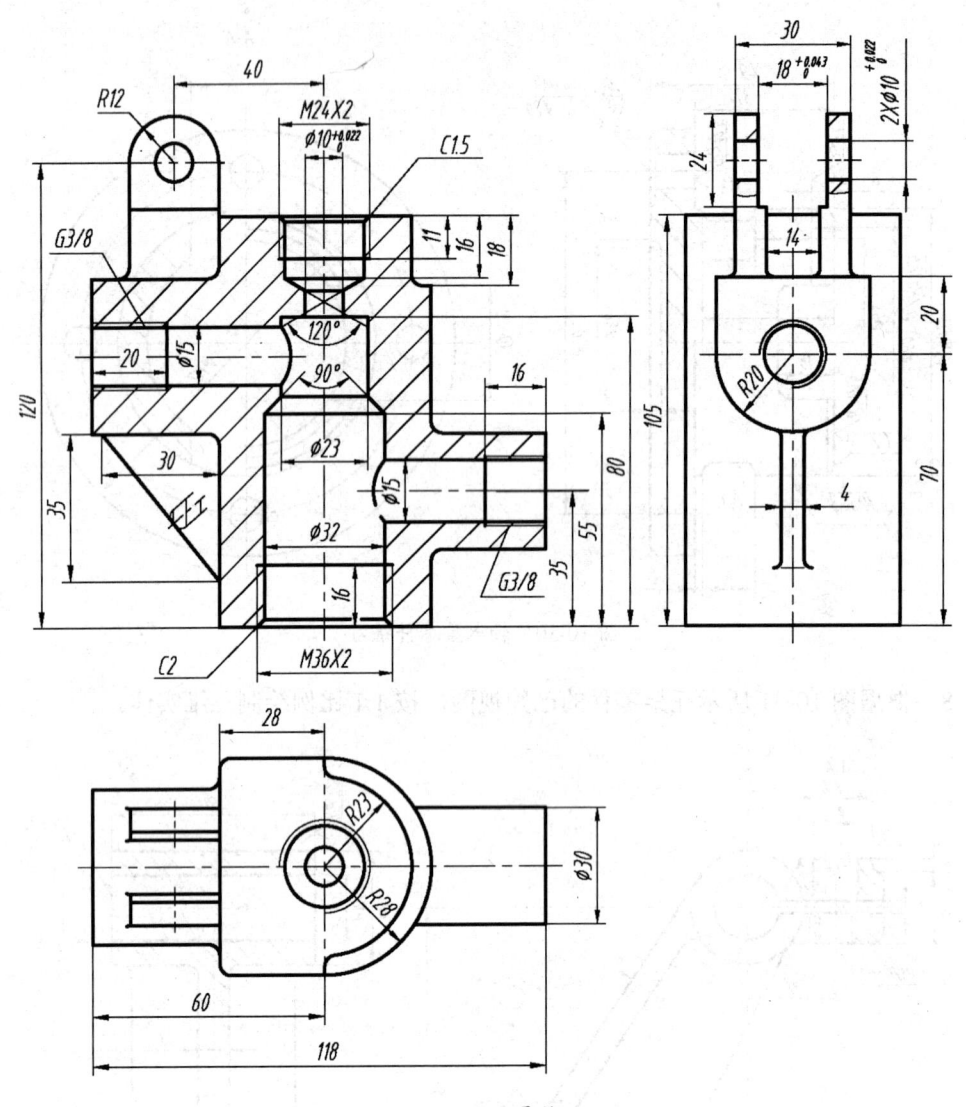

图 10-32　阀体零件练习

附录 CAD制图标准

CAD工程图中所用图线应采用GB/T 17450—1998《技术制图 图线》和GB/T 18686—2002《技术制图 CAD系统用图线的表示》中规定的线型，见表A-1。图线的宽度b应按图样的类型和尺寸大小在下列数据中选择：0.13mm、0.18mm、0.25mm、0.35mm、0.5mm、0.7mm、1mm、1.4mm、2mm。机械图样中采用两种线宽，其比例关系为2∶1。同一图样中，同类线型的宽度应一致。一般粗线的宽度b在0.7~2mm之间选取。

表A-1 线型(摘自GB/T 17450—1998)

代码	名称		线型	一般应用
01	实线	粗实线		可见轮廓线、螺纹牙顶线、齿顶圆(线)等
		细实线		尺寸线、尺寸界线、剖面线、分界线等
		波浪线		断裂处边界线、视图和剖视图分界线
		双折线		断裂处边界线、视图与部分视图的分界线
02	虚线			不可见轮廓线
04	点画线	细点画线		轴线、对称中心线、节圆和节线
		粗点画线		限定范围表示线
05	细双点画线			相邻辅助零件轮廓线、可动零件极限轮廓线、成形前轮廓线等

计算机绘图时，不同的线型在屏幕上显示不同的颜色，同一种类型的图线采用相同的颜色。在AutoCAD中使用的颜色都为ACI标准颜色，每种颜色用ACI编号(1~255)进行标识。但标准颜色名称仅适用于1~7号颜色，分别为红、黄、绿、青、蓝、洋红、白/黑。常用线型颜色选择见表A-2。

133

表 A-2 常用线型颜色选择

线　　型		颜　色
粗实线	———————	白色
细实线	———————	绿色
波浪线	～～～～～	绿色
双折线	—/\/\/\—	绿色
细虚线	- - - - - - -	黄色
细点画线	— · — · —	红色
粗点画线	— · — · —	棕色
细双点画线	— ·· — ·· —	粉红色

参 考 文 献

[1] 开思网. AutoCAD 应用大全 2012. 北京：中国青年出版社，2012.
[2] 张景春，温云芳，李娇，等. AutoCAD 2012 中文版基础教程. 北京：中国青年出版社，2012.
[3] 孙红婵，王宏. Auto CAD 机械设计从基础到实训. 北京：清华大学出版社，2012.
[4] 李宏磊，谢龙汉. AutoCAD 2010 机械制图. 北京：清华大学出版社，2011.
[5] 施教劳，陈帅佐，李小蕾. AutoCAD 2012 从入门到精通. 北京：中国青年出版社，2011.
[6] 王建华，毕万全. 机械制图与计算机绘图. 北京：国防工业出版社，2011.
[7] 王建华，李晓民. 机械制图与计算机绘图习题集. 北京：国防工业出版社，2011.